교과 연계

초등 영재 사고력 수학 지니 2

교과 연계 초등 영재 사고력 수학 지니 2

지은이 유진·나한울
펴낸이 임상진
펴낸곳 (주)넥서스

초판 1쇄 발행 2023년 1월 20일
초판 2쇄 발행 2023년 1월 25일

출판신고 1992년 4월 3일 제311-2002-2호
10880 경기도 파주시 지목로 5
Tel (02)330-5500 Fax (02)330-5555

ISBN 979-11-6683-373-1 64410
979-11-6683-371-7 (SET)

가격은 뒤표지에 있습니다.
잘못 만들어진 책은 구입처에서 바꾸어 드립니다.

www.nexusbook.com
www.nexusEDU.kr/math

융합 사고력 강화를 위한 단계별 수학 영재 교육

교과 연계

초등 영재 사고력 수학 지니

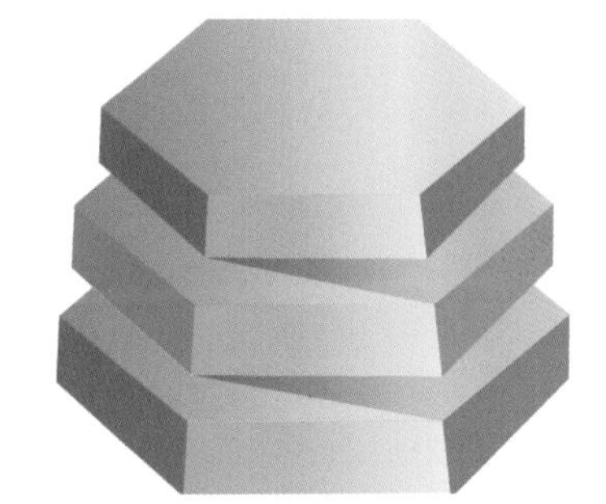

레벨 2

4~5학년

넥서스에듀

저자 및 검토진 소개

저자

유진

12년 차 초등 교사. 서울교육대학교를 졸업 후 동 대학원 영재교육과(수학) 석사 과정을 마쳤다. 수학 영재학급 운영 · 강의, 교육청 영재원 수학 강사 등의 경험을 바탕으로 평소 학급 수학 수업에서도 학생들의 수학적 사고력을 자극하는 활동들을 고안하는 데 특히 노력을 기울이고 있다.

소통 창구
인스타그램 @gifted_mathedu
블로그 https://blog.naver.com/jjstory_0110
이메일 jjstory_0110@naver.com

나한울

서울대학교 수리과학부에서 박사 학위를 받았다. 영상처리의 수학적 접근 방법에 대해 연구하였으며, 해당 지식을 기반으로 연관 업무를 하고 있다.

소통 창구
이메일 nhw1130@hanmail.net

감수

강명주

서울대학교 수학과 (학)
KAIST 응용수학 (석)
UCLA 응용수학 (박)
과학기술한림원 정회원
(현) 서울대학교 수리과학부 교수

전준기

포항공대 수학과 (학)
서울대학교 수리과학부 (박)
(현) 경희대학교 응용수학과 교수

검토

박준규

서울교육대학교 수학교육과 (학)
서울교육대학교 영재교육과 (석)
(현) 홍익대학교부속초등학교 교사

이경원

이화여자대학교 초등교육과 (학)
서울교육대학교 수학교육과 (석)
(현) 서울강남초등학교 교사

박종우

서울시립대학교 수학과 (학)
한국교원대학교 수학교육과 (석)
(현) 원주반곡중학교 수학 교사

오연준

서울시립대학교 수학과 (학)
고려대학교 수학교육과 (석)
(현) 대전유성여자고등학교 수학 교사

머리말

이 책은 고차원적인 문제 해결력을 발휘해야 풀리는 문제들을 모아 놓은 책이 아닙니다. 수학의 각 분야에 속하는 주제들을 지문으로 우선 접하고, 이 지문을 읽고, 해석하고, 그 안에서 얻은 정보를 이용하여 규칙성을 찾거나 문제 해결의 키를 얻어 해결해 나가는 구성이 중심이 됩니다. 2022 개정 교육과정 수학 교과의 변화 중 한 가지가 실생활 연계 내용 확대인 만큼, 우리 생활 속에서 수학을 활용하여 분석하고 해결할 수 있는 주제들 또한 다수 수록하였으며 가능하다면 해당 주제와 연결되는 수학 퍼즐도 접할 수 있도록 구성하였습니다.

학교 현장에서 느끼는 것 중 하나는, 확실히 사고력이 중요하다는 것입니다. 사고력, 말 그대로 '생각하는 힘'입니다. 어떤 주제에 대해 탐구하고 고민하며 도출한 지식과 경험은 쉽게 사라지지 않습니다. 지식뿐만 아니라 그 과정에서 다져진 사고의 경험이 마치 근육이 차츰 생성되는 것처럼 단련되어 내 것이 되어 남는 것입니다.

그럼 도대체 사고력은 어떻게 해야 기를 수 있을까요? '질 높은 독서를 많이 하는' 학생들이 이 생각하는 힘을 많이 가지고 있었습니다. 새로운 정보를 접하고 해석하는 이 행위를 꾸준히 해 온 학생들은 새로운 유형이나 주제가 등장해도 두려움보다는 흥미와 호기심을 나타냈습니다.

또한 수학적 사고력을 기르는 데에는 수학 퍼즐만 한 것이 없다고 합니다. 규칙성과 패턴을 파악하여 전략적 사고를 통해 퍼즐을 해결하는 경험은 학생들에게 희열에 가까운 성취감을 줍니다. 더불어 '과제 집착력'이라 칭하는 끈기도 함께 기를 수 있습니다.

아무쪼록 학생들의 수학적 독해력, 탐구심과 사고력 향상에 도움이 되는 책이기를 바라며, 책 집필에 무한한 응원과 지지를 보내 준 우리 반 학생들에게 특별한 고마움을 전하며 글을 마칩니다.

저자 **유진**

수학을 공부하면서 주변에 수학을 좋아하는 친구들을 많이 봅니다. 수학을 어려워하는 대부분의 사람들과 달리 그들이 공통적으로 이야기하는 점이 있습니다. "수학은 다른 과목과 달리 암기할 것이 없어서 흥미롭다." 학창 시절 수많은 공식을 암기하느라 수학 공부를 포기했던 많은 사람들은 이 말에 공감하기 쉽지 않을 것입니다. 그 이유는 아마 수학을 처음 접할 때 스스로 생각할 수 있는 힘을 기르지 못했기 때문일 것입니다.

이 책은 단순 지식 전달을 최소화하고, 어떤 정보가 주어졌을 때 규칙이나 일반적인 해법을 스스로 찾아갈 수 있는 경험을 제시합니다. 또한 초등 과정에서 중점적으로 길러야 하는 사고력과 논리력 향상에 중점을 두었습니다. 스스로 생각하고 지식을 확장하는 힘을 통해 학생들이 훗날 배울 교과 과정을 단순 암기로 받아들이지 않고 자연스레 지식의 확장으로 받아들이길 바라며 글을 마칩니다.

저자 **나한울**

구성 및 특징

진정한 수학 영재는 다양하고 고차원적인 두뇌 자극을 통해 만들어집니다.

읽어 보기

흥미로운 학습 주제

학습에 본격적으로 들어가기 전에 각 단원에서 다루는 주요 개념과 연관된 다채로운 내용을 통해 학습자가 수학적 흥미를 느낄 수 있습니다. 과학, 기술, 사회, 예술 등 다양한 분야를 다루고 있어 융합형 수학 인재를 키우는 데 큰 도움이 될 수 있습니다.

생각해 보기

두뇌 자극 교과 연계 학습

단순한 수학적 계산에 초점을 맞춘 것이 아닌 개념 원리를 깨닫고 깊게 사고하며 해결책을 찾을 수 있는 문제로 구성했습니다. 실제 학교에서 배우는 교과 과정과 연결되어 있어 학습자가 부담 없이 접근할 수 있고 두뇌를 자극하는 수준 높은 문제로 사고력을 향상시킬 수 있습니다.

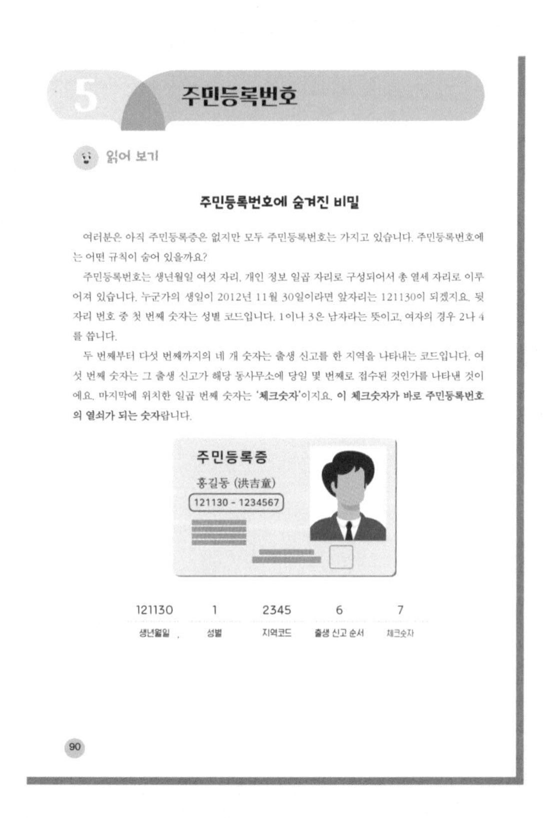

5 주민등록번호

읽어 보기

주민등록번호에 숨겨진 비밀

여러분은 아직 주민등록증은 없지만 모두 주민등록번호는 가지고 있습니다. 주민등록번호에는 어떤 규칙이 숨어 있을까요?

주민등록번호는 생년월일 여섯 자리, 개인 정보 일곱 자리로 구성되어서 총 열세 자리로 이루어져 있습니다. 누군가의 생일이 2012년 11월 30일이라면 앞자리는 121130이 되겠지요. 뒷자리 번호 중 첫 번째 숫자는 성별 코드입니다. 1이나 3은 남자라는 뜻이고, 여자의 경우 2나 4를 씁니다.

두 번째부터 다섯 번째까지의 네 개 숫자는 출생 신고를 한 지역을 나타내는 코드입니다. 여섯 번째 숫자는 그 출생 신고가 해당 동사무소에 당일 몇 번째로 접수된 것인가를 나타낸 것이에요. 마지막에 위치한 일곱 번째 숫자는 '**체크숫자**'이지요. **이 체크숫자가 바로 주민등록번호의 열쇠가 되는 숫자**랍니다.

90

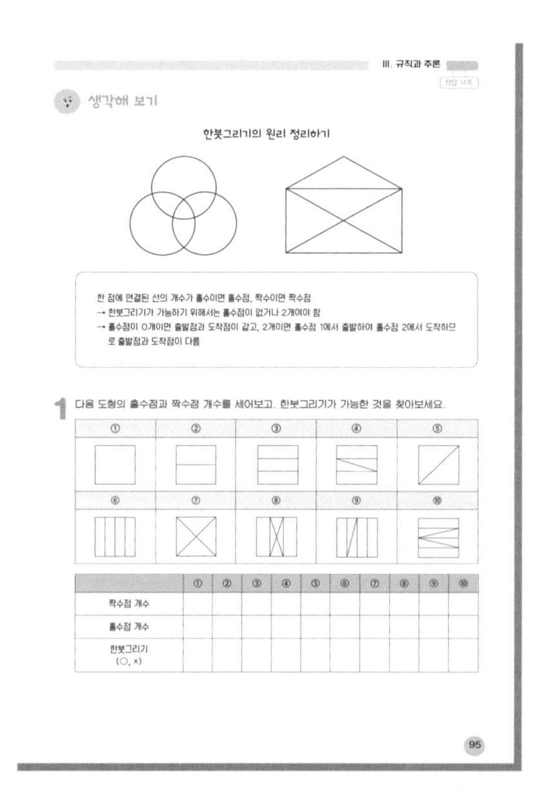

III. 규칙과 추론

정답 14쪽

생각해 보기

한붓그리기의 원리 정리하기

한 점에 연결된 선의 개수가 홀수이면 홀수점, 짝수이면 짝수점
→ 한붓그리기가 가능하기 위해서는 홀수점이 없거나 2개여야 함
→ 홀수점이 0개이면 출발점과 도착점이 같고, 2개이면 홀수점 1에서 출발하여 홀수점 2에서 도착하므로 출발점과 도착점이 다름

1 다음 도형의 홀수점과 짝수점 개수를 세어보고, 한붓그리기가 가능한 것을 찾아보세요.

①	②	③	④	⑤
⑥	⑦	⑧	⑨	⑩

	①	②	③	④	⑤	⑥	⑦	⑧	⑨	⑩
짝수점 개수										
홀수점 개수										
한붓그리기 (○, ×)										

95

수학 산책

학습 동기를 높여주는 단원 마무리

열심히 공부한 만큼 알찬 휴식도 정말 중요합니다. 수학이 더 즐거워지는 흥미로운 이야기로 학습 자극을 받고 새로운 마음으로 다음 학습을 준비할 수 있습니다.

부록

수학은 수(手)학이다

수학 문제를 연필과 계산기로 정확히 계산하는 것도 중요하지만 직접 손으로 만져보며 체험하며 해결하는 경험이 더 중요합니다. 부록에 담겨 있는 재료로 어려운 수학 문제를 놀이하듯 접근하면 학습자의 창의력과 응용력을 더 키울 수 있습니다.

생각이 자라나는 알찬 휴식 수학 산책

통계학자 나이팅게일

나이팅게일
(1820~1910)

플로렌스 나이팅게일Florence Nightingale은 보통 '백의의 천사'나 '등불을 든 여인'으로 자주 묘사됩니다. 그런데 사실은 나이팅게일이 뛰어난 통계학자이자 영국 왕립통계학회 최초의 여성 회원이었다는 사실, 알고 있었나요? 나이팅게일은 의료 행정가로서 현대적인 위생과 간호 시스템을 정립하는 데 독보적인 인물이었습니다. 더구나 그 도구로 수학을 활용했다니, 어떤 일이 있었는지 함께 알아볼까요?

나이팅게일은 1820년 이탈리아의 피렌체에서 영국 상류층의 딸로 태어났는데, 어려서부터 숫자를 이용해 자료를 정리하는 등 수학에 관심이 많았다고 해요. 가족 여행을 할 때면 하루 동안 여행한 거리를 계산하고 걸린 시간을 기록하는 등 수학적으로 현상을 분석하는 것을 좋아했습니다. 세계를 여행하며 여러 병원의 모습을 본 나이팅게일은 간호사가 되어 환자를 돌보는 것을 꿈꾸었고, 영국이 크림전쟁(1853~1856)에 참전하자 전쟁터로 달려가 야전병원에서 아군과 적군을 구별하지 않고 헌신적으로 치료하며 많은 생명을 구했습니다.

그러던 중, 나이팅게일은 전쟁터에서 죽는 군인보다 비위생적 환경의 야전병원의 환경 때문에 병이 악화되어 사망하는 군인이 더 많다는 것을 알게 됩니다. 그래서 통계 작성 기준을 세우고 병사들의 입원·퇴원 기록, 사망자 수, 병원의 청결 상태 등을 숫자로 정리하고 분석한 후 문제점들을 개선해 나갔어요. 그 결과, 6개월 만에 영국군 부상자의 사망률은 42%에서 무려 2%로 줄어들게 되었답니다.

118

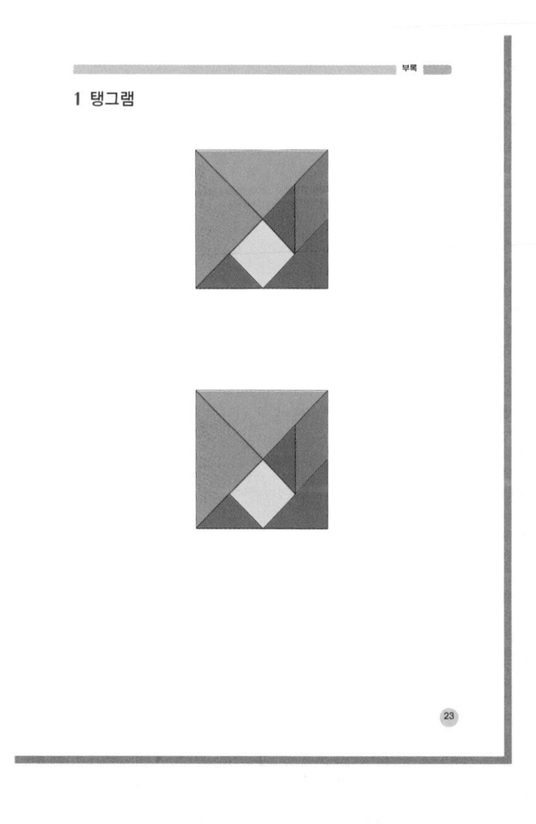

목차

1 수와 연산

2 도형과 측정

3 규칙과 추론

4 자료와 가능성

시리즈 구성

교과 연계

초등 영재 사고력수학 지니 1

1 수와 연산

1 이집트 숫자

2 마방진

3 노노그램

4 거울수와 대칭수

5 연산을 이용한 수 퍼즐

6 신비한 수들의 연산 원리

2 도형과 측정

1 탱그램

2 소마큐브

3 라인 디자인

4 테트라미노 & 펜토미노

5 테셀레이션과 정다각형

3 규칙과 추론

1 돼지우리 암호

2 수의 배열

3 NIM 게임

4 4색 지도

5 주민등록번호

6 한붓그리기

4 자료와 가능성

1 리그와 토너먼트

2 PAPS

3 식품구성자전거

교과 연계

초등 영재 사고력 수학 지니 3

1 수와 연산

1 사칙연산

읽어 보기

'연산 기호'의 유래

인간이 발명한 최초의 연산은 수 세기라고 할 수 있어요. 수 세기에는 자연스럽게 더하기와 빼기의 개념이 들어 있답니다. 하지만 정확하게 언제부터 곱셈과 나눗셈까지 더해진 사칙연산이 사용되기 시작했는지 알려 주는 구체적인 기록은 없어요. 과거 다양했던 숫자 종류만큼이나 각 나라에서 사용했던 연산 기호들은 16세기 말이 되어서야 현재 사용하고 있는 사칙연산 기호로 마침내 정리됩니다.

덧셈과 뺄셈은 '계산의 두목'이라고도 불렸던 독일의 비트만이 자신의 저서에 1489년 처음 사용하는데, 이때는 '더 많다' 또는 '모자라다'라는 의미로 사용되었어요. 현재의 **덧셈(+)과 뺄셈(-)**은 1514년 네덜란드의 수학자 호이케에 의해 사용되었습니다. **덧셈 기호 '+'**는 and의 의미를 가진 라틴어 et를 빨리 쓰면서 만들어진 것이라고 해요. 5 et 7은 5와 7을 뜻하지요. **뺄셈 기호 '-'**는 어떻게 이런 모양이 되었는지 정확히는 알려져 있지 않지만 라틴어 minus(미누스: 빼기)의 머리글자 m을 빨리 쓰다가 -가 되었다는 이야기가 있답니다.

et → et → et → et → t → +

m → m → m → —

곱셈 기호 '×'는 1631년 영국의 수학자 오트렛이 자신의 책에서 처음 사용했는데, 이는 알파벳 '엑스'(x) 또는 '더하기'(+) 기호와 비슷하다고 하여 몇몇 나라에서는 곱하기를 '•'로 나타내기도 했어요. 그리고 지금도 우리가 쓰는 컴퓨터 자판과 프로그램에서는 '*'가 곱하기 기호를 뜻한답니다.

나눗셈 기호 '÷'는 흥미롭게도 나누기로 사용되기 전 유럽과 스칸디나비아 반도에서는 뺄셈 기호로 오랫동안 사용하고 있었다고 해요. 그런데 이 기호를 1659년 스위스의 수학자 란이 자신의 책에서 처음 사용했는데, 이 기호는 비율을 나타내는 ':'에서 유래했다고 합니다.

둘 이상의 숫자나 수식이 서로 같음을 나타내는 **등호** '='는 영국의 수학자이자 의사인 레코드가 처음 사용했는데, 지금 우리가 사용하는 등호보다 가로로 더 긴 모양이었다고 해요. 그가 이 모양을 사용한 이유는 '길이가 같은 평행선보다 더 동등한 것은 없다'라고 생각했기 때문이라고 합니다.

지금 문장으로만 쓰인 문제를 풀고 있다면 수학 공부가 훨씬 어렵고 복잡해지지 않았을까요? 간단한 기호로 문제를 풀 수 있게 해 준 수학자들에게 감사 인사를 전하고 싶어지네요.

사칙연산의 순서 정리

① 덧셈이나 뺄셈이 섞인 식의 계산은 앞에서부터 차례로 계산하기
② 덧셈 또는 뺄셈과 곱셈이 섞인 식의 계산은 곱셈부터 먼저하고 ①번 순으로 계산하기
③ 덧셈 또는 뺄셈과 나눗셈이 섞인 식의 계산은 나눗셈부터 먼저하고 ①번 순으로 계산하기
④ 곱셈이나 나눗셈이 섞여 있는 식의 계산은 앞에서부터 차례로 계산하기
⑤ 덧셈, 뺄셈, 곱셈, 나눗셈이 섞인 식의 계산은 곱셈, 나눗셈을 순서에 따라 먼저 계산하고, 덧셈, 뺄셈을 차례로 계산하기
⑥ 괄호가 있는 식의 경우, ( )와 { }가 있는 식에서는 ( ) 안의 계산을 먼저 하고, 그 다음 { } 안의 계산을 한 후 { } 밖 계산하기

생각해 보기

1 사칙연산의 원리를 이용하여 다음 문제를 해결해 봅시다. ♡와 ☆이 아래와 같을 때, 다음 연산의 값은 어떻게 될까요?

♡=3×{(35−17)+2×3}÷8
☆=12×3−65÷5+10

→ 2×{♡+(☆−♡)÷3} = ☐

2 아래 그림을 보고 각 동물들에 해당하는 숫자를 찾아보세요.

	+	12	=	
×		−		×
				2
=		=		=
	−		=	40

3

$3\triangledown4=11$, $4\triangledown3=10$, $6\triangledown2=10$, $7\triangledown5=17$일 때 다음 물음의 답을 찾아봅시다.

❶ $5\triangledown3$

❷ $8\triangledown(4\triangledown2)$

4

5의 숫자만을 가지고 +, -, ×, ÷ 또는 괄호 등의 적당한 기호를 이용하여 1부터 10까지 만들어 보고, 1~10 중 완성되지 않는 하나의 숫자도 찾아보세요.

5 5 5 5 = 1

5 5 5 5 = 2

5 5 5 5 = 3

5 5 5 5 = 4

5 5 5 5 = 5

5 5 5 5 = 6

5 5 5 5 = 7

5 5 5 5 = 8

5 5 5 5 = 9

5 5 5 5 = 10

5 삼각형 안의 숫자들은 일정한 규칙이 있습니다. 다섯 번째 그림의 가운데 삼각형에는 어떤 수가 들어가야 할까요?

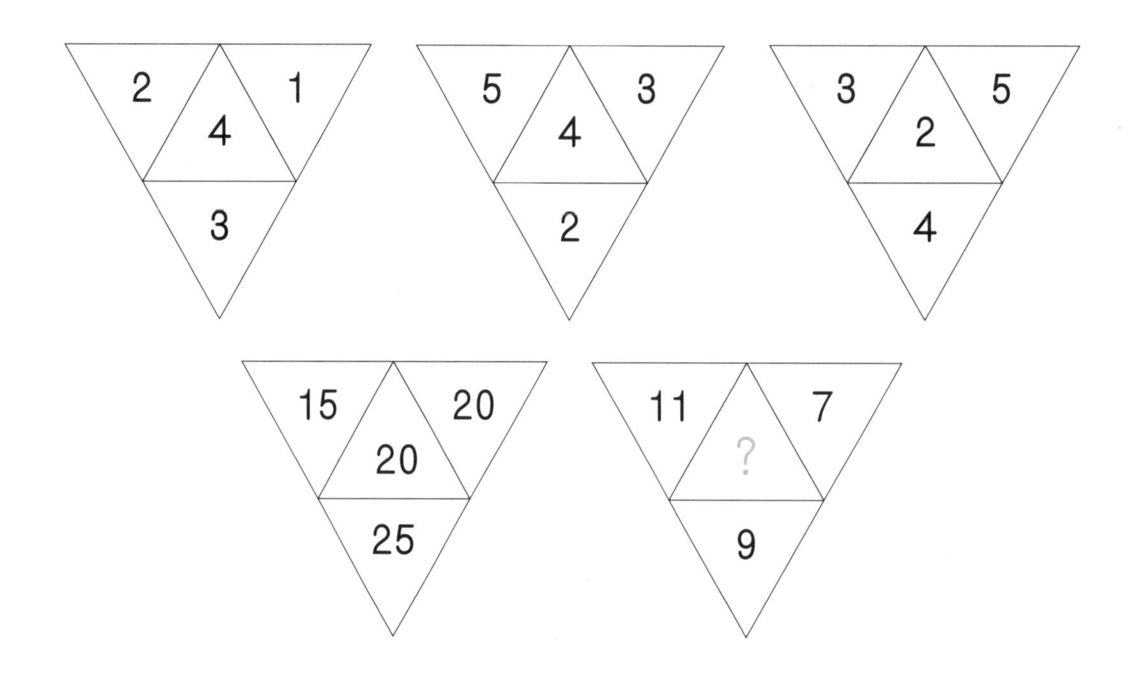

6 다음과 같이 수가 있는 정사각형 모양의 탁자를 4칸으로 이루어진 4개의 부분으로 나누어야 합니다. 각 부분의 합은 같도록 나누어 보세요.

5	2	3	4
7	1	9	8
3	0	2	4
2	7	6	5

정답 2쪽

7 다음은 연산 퍼즐 중 하나인 '켄켄 퍼즐'입니다. 완성된 예시 퍼즐을 보고, 켄켄 퍼즐의 규칙을 찾아 써 보세요.

| 예시 |

4, + 3	1	7, + 2	4
3, − 4	6, × 2	3	1
1	9, + 3	8, × 4	2
2	4	4, + 1	3

| 규칙 |

8 7번 문제 속 켄켄 퍼즐의 규칙을 확인하고, 아래 켄켄 퍼즐을 풀어 봅시다.

2, −	4	2, ÷	
	9, +		
2, −	3, +	9, ×	
			4

2	5, +		1, −
12, ×		6, +	
1, −			
	2, ÷		4

2 4차 마방진

읽어 보기

'마방진(魔方陣)magic square'이라는 용어의 뜻을 풀면 '마술적 특성을 지닌 정사각 모양의 숫자 배열'이 됩니다. 보다 정확하게 정의하면, **n차 마방진이란 1부터 $n \times n$을 뜻하는 n^2까지의 연속된 자연수를 가로, 세로, 대각선의 합이 같아지도록 정사각형으로 배열한 것**을 말합니다.

지금부터 약 4000년 전, 중국 하나라의 우왕 시대 때 황하강에서 등에 신기한 무늬가 새겨진 거북이 한 마리가 나타났습니다. 이 무늬를 수로 나타내었더니 아래와 같이 가로, 세로, 대각선 숫자의 합이 모두 15가 되며, 중복되는 숫자도 없는 수의 배열이 나오게 됩니다.

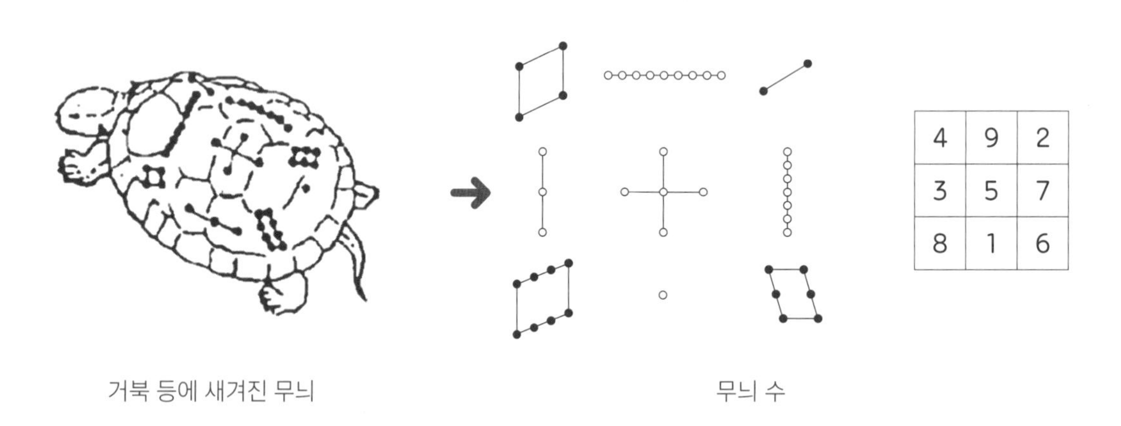

4	9	2
3	5	7
8	1	6

거북 등에 새겨진 무늬

무늬 수

〈멜랑콜리아〉

서양에서도 중국의 마방진이 전해지고 나서 많은 연구가 진행되었어요. 서양에서의 최초의 마방진은 독일의 수학자이자 화가인 뒤러가 1514년에 발표한 동판화 〈멜랑콜리아〉에 그려진 4차 마방진입니다. 우리에게는 다소 낯선 이름으로 들리긴 하지만 당시 뒤러는 레오나르도 다빈치에 견줄 정도로 매우 유명했던 사람이라고 합니다.

고민에 빠져 있는 천사, 그 옆의 아이 천사, 그리고 박쥐와 개 한 마리도 보이네요. 그림 속에는 뒤러가 굉장히 많은 고민을 하며 그린 여러 소품들이 있습니다. 이 중 수학과 관련된 소품들을 발견하여 그림에 ◯표 해보고 아래 빈칸에 적어 볼까요?

뒤러의 고민이 담긴 소품들 중 수학과 관련된 것에는 무엇이 있었나요? 각각의 소품이 지닌 상징적인 의미들도 있다고 합니다. 예를 들어 그림 속에 등장하는 저울이나 모래시계는 당시 학자들이 수학의 한 분야인 기하학을 굉장히 숭배하고 있었다고 해석할 수 있다고 해요.

그림의 오른쪽 윗부분을 자세히 살펴보면 16개의 숫자가 적혀 있는 판이 벽에 걸려 있는 것이 보이나요? 판 부분만을 확대해서 살펴보면 4×4 마방진을 발견할 수 있어요! 중간에 지워진 부분은 마방진의 기본 원리를 이용하여 여러분이 채워 보는 것은 어떨까요? 4차 마방진이므로 1부터 16까지의 자연수가 중복되지 않게 들어가야 하고, 가로, 세로, 대각선의 합이 모두 같아야 합니다.

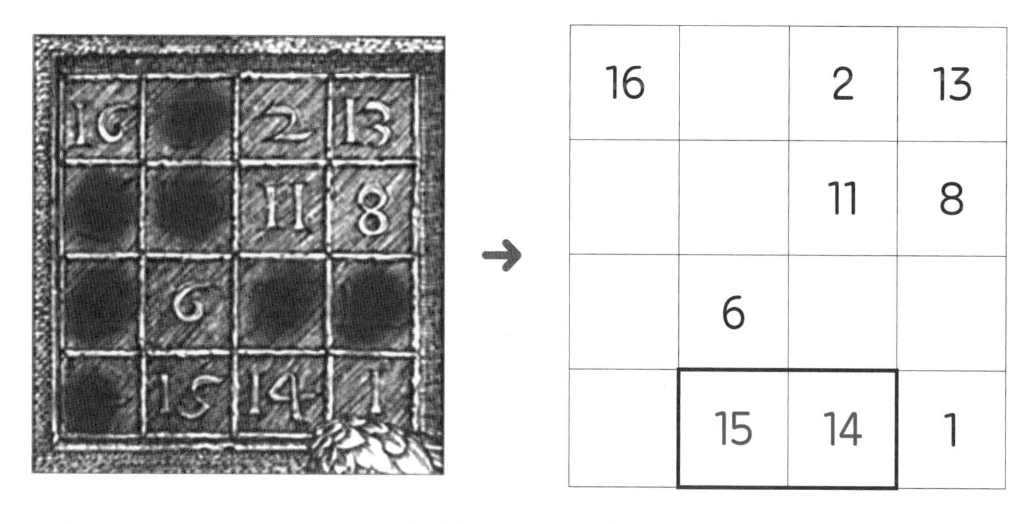

16		2	13
		11	8
	6		
	15	14	1

참고로, 이 마방진의 맨 아랫줄 가운데 있는 1514는 이 작품이 제작된 해이기도 하답니다.

생각해 보기

1 1부터 16까지의 숫자를 한 번씩만 사용하고 가로, 세로, 대각선의 합이 같은 4차 마방진은 880개를 만들 수 있는 것으로 알려져 있습니다. 물음에 답해 보세요.

❶ 숫자 1부터 16까지의 합은 몇인가요?

❷ 각 줄의 합은 몇이 되어야 하나요?

❸ 16개의 숫자를 순서대로 4그룹으로 분류해 보았습니다. 빈칸을 채워보세요.

1그룹	1, 2, 3, 4
2그룹	
3그룹	
4그룹	13, 14, 15, 16

→

합이 같은 두 그룹으로 나누기	1, 4	2, 3
	13, 16	14, 15

❹ 위에서 나눈 숫자 그룹들을 예시와 같이 고려하며 4차 마방진을 2가지 만들어 봅시다.

| 예시 |

13	3	2	16
8	10	11	5
12	6	7	9
1	15	14	4

2 라틴 방진(Latin Square)란 아래와 같이 방진에 한 가지 기호나 숫자, 문자, 그림 등이 행과 열에 딱 한 번만 들어가도록 만든 방진입니다. 아래는 한 행과 열뿐만 아니라 대각선에도 4개의 숫자가 한 번씩 들어가는 특수한 4차 라틴 방진입니다. 이러한 특수 4차 방진을 하나 더 만들어 봅시다.

1	2	3	4
4	3	2	1
2	1	4	3
3	4	1	2

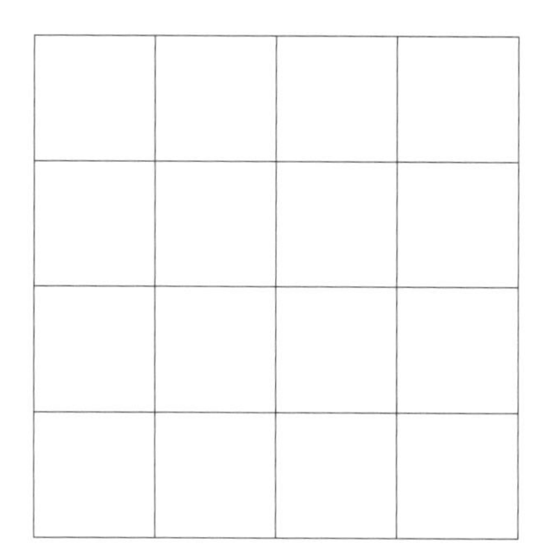

3 위와 같이 행과 열뿐만 아니라 대각선에도 3개의 숫자가 한 번씩 들어가는 특수한 3차 라틴 방진은 만들 수 있을까요? 없다면 이유를 설명해 보세요.

4 라틴 방진에서 유래했다고 알려진 '스도쿠'는 여러 개의 정사각형 안에 1부터 9까지의 숫자를 넣어 모든 칸을 채우는 퍼즐입니다. 종이뿐만 아니라 컴퓨터와 모바일 게임으로도 즐기는 사람들이 아주 많다고 해요. 스도쿠를 푸는 기본 법칙을 파악하고 스도쿠 퍼즐을 풀어 봅시다.

| 예시 |

5	7	4	6	3	9	8	1	2
1	8	9	5	2	4	7	3	6
2	6	3	7	8	1	9	5	4
9	1	6	2	4	5	3	7	8
7	2	8	3	1	6	5	4	9
3	4	5	8	9	7	2	6	1
6	3	1	9	5	2	4	8	7
4	5	2	1	7	8	6	9	3
8	9	7	4	6	3	1	2	5

①(첫 번째 가로줄 화살표) ②(첫 번째 세로줄 화살표) ③(가운데 3×3 상자)

| 규칙 |

① 각각의 가로줄에 (   )

② 각각의 세로줄에 (   )

③ 동시에, 전체 큰 사각형 안의 가로 세로 세 칸씩 모두 9개의 칸으로 이루어진 작은 정사각형(3×3 상자)의 안도 (   )

※ 위의 세 괄호 안에는 모두 공통된 표현이 들어갑니다. 괄호 안에 들어가야 하는 규칙을 적어 보세요.

→ (   )

1

4		1			3			
		9				1	8	
8				1				6
		3	5		1	6		
	6	2		9		5	3	
		7			6	2		
3				7			4	2
	9	8						1
7			8			3		5

❷ 다음 스도쿠는 스도쿠 X입니다. 일반 스도쿠 규칙에 '큰 정사각형의 대각선도 1부터 9까지의 숫자가 겹치지 않게 배열되어야 한다'라는 규칙이 더해졌습니다.

5		2			7		1	
		7		5			4	
3	8				6	5		
				3		4		6
	3		5	9	4		8	
8		5		7				
4			7				6	5
	2			6		8		
	5		3			9		1

❸ 다음은 폴리곤 스도쿠입니다. 9개의 칸이 다각형을 이루고 있으며 한 다각형 안, 9×9 정사각형의 가로, 세로줄에 1~9까지의 숫자가 한 번씩 들어갑니다.

6	4		2				9	
	3							
				2	4			9
	7	8	1		6	5		
		4		3				5
3			5		2	8	1	
7			4	6				
			7				2	
	9				3		8	4

3 로마 숫자와 아라비아 숫자

읽어 보기

아라비아 숫자 VS. 로마 숫자, 승자는 누구?

현대 사회는 무척 복잡하고 다양합니다. 이런 현대 사회에서 가장 널리, 일반적으로 쓰이는 숫자, 1, 2, 3, 4, 5, 6, 7, 8, 9, 0. 이 숫자를 어떻게 부르는지 알고 있나요? 바로 아라비아 숫자입니다. 아무리 영어가 세계 공용어 역할을 하고 있다고 하지만 아라비아 숫자에는 미치지 못합니다. 각지 다른 언어로 쓰인 서류에도 숫자만큼은 아라비아 숫자가 적혀 있지요! 각각의 언어마다 수를 표현하는 단어들이 있을 텐데, 왜 숫자는 대부분 아라비아 숫자를 쓰고 있을까요? 이유는 너무나 당연하겠지만, 아라비아 숫자가 그만큼 편리하기 때문입니다.

0 1 2 3 4 5 6 7 8 9 아라비아 숫자

Ⅰ Ⅱ Ⅲ Ⅳ Ⅴ Ⅵ Ⅶ Ⅷ Ⅸ Ⅹ 로마 숫자

아라비아 숫자는 약 4세기 무렵 인도 지역에서 생겨났어요. 인도인들은 실생활에서 셈에 밝았는데, 오늘날의 수 계산의 기초 개념인 자릿수, 진법 등을 사용하고 있었어요. 계산기가 없어도 종이와 연필만 있으면 간단한 계산은 할 수 있지요? 필기도구 없이도 암산을 할 수 있습니다. 어떻게 이런 일이 가능할까요? 바로 계산에 필요한 십진법이나 자릿수의 개념들이 여러분의 머릿속에 정리되어 있기 때문이에요.

이러한 수 개념과 숫자를 만든 이들이 바로 인도인이지만, 이용하고 전파시킨 것은 아라비아 상인들이었어요. 무역을 활발히 하던 아라비아 상인들은 장사를 위해 숫자와 편리한 계산법이 필요했고, 인도의 숫자를 받아들였습니다. 8세기에 중동 지역을 지배하던 아랍 제국은 인도의 숫자와 0에서부터 9까지 10개의 숫자를 활용한 십진법, 자릿수의 원리, 계산법 등을 활용했

• 아라비아 숫자가 세계를 평정한 과정

영상을 통해 아라비아 숫자가 어떤 영향을 주었는지 알아봅시다.

→ 주소 https://www.youtube.com/watch?v=P5BvJXAZYK4

스캔해 보세요!

그레고르 라이쉬의 <지혜의 진주>(1504) 속
'산술의 은유적 표현' 삽화

어요. 그리고 10세기 무렵 이 수가 유럽으로 전해지면서 우리가 흔히 사용하는 아라비아 숫자가 확립된 것입니다. 인도로서는 억울한 면이 살짝 있을 것 같네요.

그 전까지는 로마 숫자를 쓰고 있던 사람들이 처음부터 아라비아 숫자를 환영하며 받아들인 것은 아니었어요. 옆의 그림에서 살펴볼까요? 왼쪽 인물은 아라비아 숫자를 받아들여 편리하게 계산을 하고 있고, 오른쪽 인물은 아직 로마 숫자만 사용하고 있었으므로 주판을 이용해 계산을 하고 있는 모습입니다. 아라비아 숫자 vs. 로마 숫자, 우리는 그 결과를 이미 알고 있지요.

하지만 로마 숫자가 아예 자취를 감춘 것은 아니에요. 로마 숫자 Ⅰ, Ⅱ, Ⅲ, Ⅳ, Ⅴ는 종종 눈에 띄는 숫자이지요. 로마 숫자는 서양에서 아라비아 숫자의 등장 전까지 널리 이용되었지만, 지금도 이처럼 로마 숫자가 이용되는 경우가 종종 있습니다. 자, 그렇다면 이제 로마 숫자를 한 번 알아볼까요?

아래 표는 1부터 20까지를 **로마 숫자**로 나타낸 것입니다. 1부터 10까지의 숫자를 결합해서 11부터 20까지의 숫자를 만들 수 있어요. 방식은 10+(1, 2, 3, 4, 5, 6, 7, 8, 9, 10)라는 것을 눈치챈 친구들도 있을 거예요.

Ⅰ	Ⅱ	Ⅲ	Ⅳ	Ⅴ	Ⅵ	Ⅶ	Ⅷ	Ⅸ	Ⅹ
1	2	3	4	5	6	7	8	9	10
XⅠ	XⅡ	XⅢ	XⅣ	XⅤ	XⅥ	XⅦ	XⅧ	XⅨ	XX
11	12	13	14	15	16	17	18	19	20

생각해 보기

1 다음 로마 숫자들을 보고, 로마 숫자를 나타내는 규칙을 찾아 적어 보세요.

IV=4, V=5, VII=7 IX=9, X=10, XII=12	→	| 규칙 |

2 로마 숫자에서 20보다 큰 수는 아래 표와 같이 나타냅니다. 〔표1〕~〔표3〕을 살펴보면 빈칸에 들어갈 아라비아 숫자를 찾을 수 있습니다. 어떤 숫자가 들어가야 할까요?

[표1]

IV	4
IX	9
XL	40
XC	90
CD	400
CM	

[표2]

I	1
V	5
X	10
L	50
C	100
D	
M	1000

[표3]

VI	6
XI	11
LX	60
CX	
DC	600
MC	1100

3 로마 숫자는 〔표2〕의 로마자 알파벳 7개를 기본으로 하여 이루어집니다. 아래 규칙을 읽고 규칙에 따라 로마 숫자는 십진법의 아라비아 숫자로, 아라비아 숫자는 로마 숫자로 나타내 보세요.

> **로마 숫자 표기 규칙**
>
> ① 10, 100, 1000에서는 한 자릿수 모자란 수만 앞에 붙인다.
> (X는 두 자릿수이므로 한 자릿수인 I가 앞에 올 수 있고, C는 세 자릿수이니 두 자릿수인 X가 올 수 있음)
> ② 5, 50, 500에서는 같은 자릿수의 수를 앞, 뒤에 붙인다.
> (V 앞/뒤에는 I, L(50) 앞/뒤에는 X(10), D(500) 앞/뒤로는 C(100))

❶ 568

❷ 1732

❸ MCMXLIV

❹ CCLXXXI

4 유럽 건축물들을 잘 살펴보면 로마 숫자로 그 건축물의 건축년도가 새겨져 있는 경우가 많습니다. 이 건축물의 건축년도는 몇 년도일까요? 나중에 유럽 여행을 갈 기회가 있다면 이렇게 건축년도가 새겨진 건축물들을 발견해 봅시다. (A.D.는 '기원 후'를 나타냅니다.)

4 단위분수

읽어 보기

이집트 분수

고대 이집트인들은 많은 자연신 가운데서 특히 태양을 숭배했습니다. 태양을 '신의 눈동자'라고 생각할 정도였어요. 이 '신의 눈동자'는 **분수에 관한 흥미로운 신화**로 연결됩니다.

태양의 신 '호루스'는 죽음과 부활의 신 '오시리스'와 풍요의 여신 '이시스'의 아들이며 사랑의 여신 '하토르'의 남편입니다. 오시리스는 고대 이집트를 문명국으로 발전시키는 데 큰 역할을 한 왕이었어요. 동생인 세트는 왕의 자리가 탐나 형인 오시리스를 죽이고 맙니다. 그리고 호루스는 자신의 아버지를 죽인 세트와 격렬한 싸움을 벌이게 되지요. 호루스는 지혜의 신 '토트'의 도움으로 세트와 싸워 이겨 아버지의 원수를 갚게 되는데, 이 과정에서 세트에게 왼쪽 눈을 뽑히고 말았습니다.

세트는 죽기 전 호루스의 왼쪽 눈을 여섯 개로 조각내어 이집트 전역에 뿌렸는데, 토트가 여섯 조각 난 호루스의 눈을 모아 원래의 모습으로 만들어 주었다고 해요. 그 후 호루스의 눈은 완전한 것의 상징이 됩니다.

고대 이집트 사람들은 분수를 표현할 때 신화에 나온 호루스의 눈을 이용했습니다. 여섯 조각은 각각 후각, 시각, 청각, 미각, 촉각, 생각을 의미하는 동시에 6개의 분수를 나타냈어요.

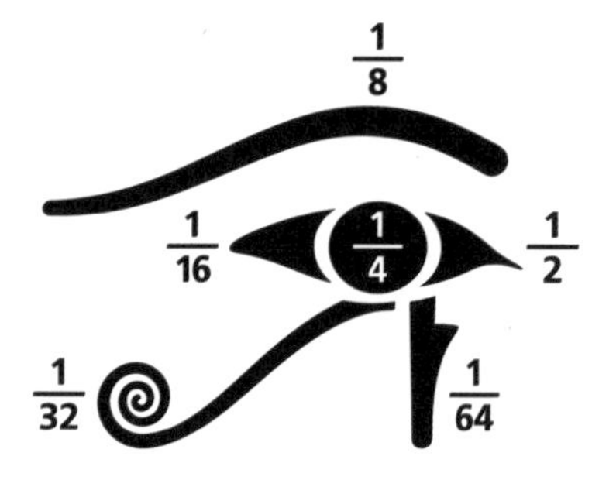

호루스의 눈

태양의 신 호루스

호루스의 눈과 관련된 신화에서 흥미로운 점은 각 부분을 나타내는 분수의 합을 구하면 1이 되지 않는다는 것입니다. 직접 계산해 보고 왜 1이 아닌지 확인해 봅시다.

$$\frac{1}{2}+\frac{1}{4}+\frac{1}{8}+\frac{1}{16}+\frac{1}{32}+\frac{1}{64}=\frac{63}{64}$$

호루스의 눈은 1에서 얼마만큼이 부족했나요? $\frac{1}{64}$이 부족했습니다. 고대 이집트 사람들은 부족한 $\frac{1}{64}$은 지혜의 신 토트가 보충해 준다고 믿었다고 해요. 호루스의 눈은 고대 이집트어로 '우자트$_{\text{Udjat}}$'라고 읽습니다. '완벽하고, 파괴되지 않는 눈'이라는 뜻이라고 해요. 고대 이집트인들은 신화의 주인공인 호루스의 왼쪽 눈을 최고의 부적으로 여겨 미라에 넣거나 장신구로 만들어 꾸미기도 했습니다. 호루스의 눈이 나쁜 기운으로부터 자신을 보호해 준다고 믿었던 것이지요!

고대 이집트 시기에는 3÷4와 같은 나눗셈의 몫을 하나의 분수로 나타내거나 소수로 나타내는 방법을 알지 못했습니다. 예를 들어 4명의 고대 이집트인들이 3개의 빵을 똑같이 나누어 먹는 경우, 한 사람이 전체의 $\frac{3}{4}$씩 먹으면 된다는 생각을 할 수 없었어요. 그리고 당시에는 어떻게 하나의 수로 나타내는 것보다 '어떻게 하면 빵을 공평하게 나누는가'가 더 중요했습니다.

고대 이집트인들은 이 경우에, 2개의 빵을 각각 반으로 나누어 네 사람이 하나씩 나누어 가지고, 남은 1개의 빵은 4조각으로 나누어 각자 하나씩 나누어 가졌을 것입니다. 이 경우를 **단위분수의 합**으로 나타내어 볼까요?

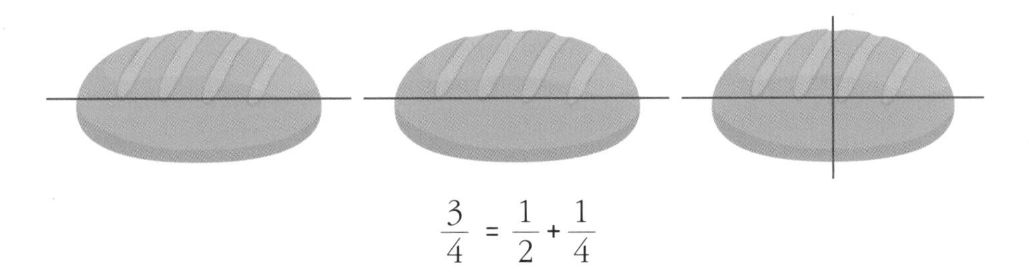

$$\frac{3}{4}=\frac{1}{2}+\frac{1}{4}$$

또는 3개의 빵을 각각 4조각으로 나누어 총 12조각을 만든 다음, 한 사람당 3조각씩 챙겼을 것입니다. 이 경우도 **단위분수의 합**으로 나타내어 봅시다.

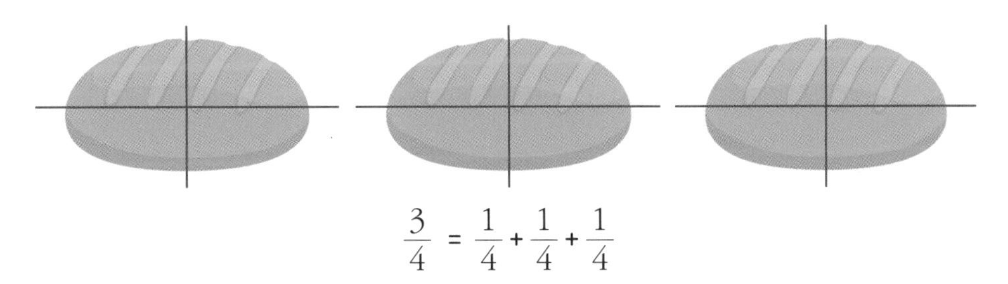

$$\frac{3}{4}=\frac{1}{4}+\frac{1}{4}+\frac{1}{4}$$

생각해 보기

1 호루스의 눈 신화에 등장하는 분수들의 합에는 특별한 규칙이 있습니다. 다음 분수들을 통분하여 답을 구하고, 그 규칙을 찾아보세요.

❶ $\frac{1}{2}+\frac{1}{4}+\frac{1}{8}+\frac{1}{16}=$

❷ $\frac{1}{2}+\frac{1}{4}+\frac{1}{8}+\frac{1}{16}+\frac{1}{32}=$

❸ $\frac{1}{2}+\frac{1}{4}+\frac{1}{8}+\frac{1}{16}+\frac{1}{32}+\frac{1}{64}=$

규칙

2 고대 이집트인들은 현재 우리가 사용하고 있는 $\frac{3}{4}$이나 $\frac{2}{7}$ 같은 분수를 알지 못했습니다. 그들은 오늘날 우리가 사용하고 있는 분수를 단위분수(분자가 1인 분수)의 합으로 나타냈어요.

고대 이집트인들과 같은 방식으로 $\frac{11}{24}$을 서로 다른 단위분수의 합으로 나타내 봅시다.

예시
$\frac{3}{4}=\frac{1}{2}+\frac{1}{4}$
$\frac{2}{7}=\frac{1}{4}+\frac{1}{28}$

$\frac{11}{24}=$

3 이탈리아의 수학자 레오나르도 피보나치는 연속하는 단위분수의 차가 두 수의 곱을 분수로 하는 단위분수가 되는 것을 발견했습니다. 피보나치는 이 사실을 바탕으로 어떤 분수라도 2개 이상의 단위분수의 합으로 나타낼 수 있다는 생각도 하게 됩니다.

$$\frac{1}{2}-\frac{1}{3}=\frac{1}{2\times3}=\frac{1}{6} \quad \Rightarrow \quad \frac{1}{2}=\frac{1}{3}+\frac{1}{6}$$

$$\frac{1}{3}-\frac{1}{4}=\frac{1}{3\times4}=\frac{1}{12} \quad \Rightarrow \quad \frac{1}{3}=\frac{1}{4}+\frac{1}{12}$$

$$\frac{1}{4}-\frac{1}{5}=\frac{1}{4\times5}=\frac{1}{20} \quad \Rightarrow \quad \frac{1}{4}=\frac{1}{5}+\frac{1}{20}$$

…

따라서 $\frac{1}{2}=\frac{1}{3}+\frac{1}{6}=\frac{1}{4}+\frac{1}{12}+\frac{1}{6}=\frac{1}{5}+\frac{1}{20}+\frac{1}{12}+\frac{1}{6}=\cdots$ 과 같이 2개, 3개, 4개…의 단위분수의 합으로 나타낼 수 있습니다. 피보나치의 방식에 따라 $\frac{1}{5}$을 2개, 3개, 4개의 단위분수의 합으로 나타내 보세요.

$\frac{1}{5}=$

4 다음과 같은 규칙으로 수를 100번째까지 늘어놓았습니다. 홀수 번째에 놓여 있는 수들의 합에서 짝수 번째에 놓여 있는 수들의 합을 뺀 값을 구해 보세요.

$$\frac{17}{72} \quad \frac{19}{90} \quad \frac{21}{110} \quad \frac{23}{132} \quad \frac{25}{156} \quad \cdots$$

◆ 힌트: 단위분수의 합으로 생각해 봅니다.

5 우리 조상들의 수

읽어 보기

여러분이 수학을 공부하다 보면 대부분 고대 그리스나 서양의 수학자들 이야기만 나오지요? 우리나라 수학은 아주 늦게 발달한 것인가 의문을 가진 친구들도 있을 것 같습니다. 하지만 어느 나라든 문화가 형성되고 발전을 이룰수록 수학도 발전하기 마련입니다. 논밭의 크기를 계산하고, 집을 짓거나 성을 쌓는 등 모든 일들에 수학적인 측량과 계산이 필요하기 때문입니다.

우리나라 수학은 언제 어떻게 시작되고 발전되었을까요? 삼국사기 기록에 따르면 우리나라는 이미 신라시대부터 수학을 가르쳤다고 해요. 그리고 우리나라의 수학 역사를 알려면 중국의 수학 역사를 알아야 합니다.

중국에는 2000여 년 전 한나라 시대에 이미 『주장산술』이라는 수학책이 있었고, 여기에 넓이 계산, 나눗셈, 비례식, 제곱근, 연립방정식, 방정식, 직각삼각형 문제 등이 해답과 풀이의 순서로 나와 있었다고 합니다. 그 후 당나라 때(우리나라는 신라시대)에 원주율의 값(π)이 3.1415926과 3.1415927 사이가 옳다는 것을 알고 있었고 이렇게 발달한 중국의 수학이 신라에 전해져 우리나라도 신라시대부터 정식으로 수학 교육을 하게 되었어요. 수를 세는 가장 기본적인 방법인 일, 이, 삼 … 등과 아라비아 숫자가 없던 시대에 숫자를 표시하는 방법도 중국의 영향을 받았습니다.

발음이 비슷한 한국과 중국의 수 읽는 방법

중국	一	二	三	四	五	六	七	八	九
	이	얼	산	스	우	류	치	바	츄
한국	1	2	3	4	5	6	7	8	9
	일	이	삼	사	오	육	칠	팔	구

'산대'는 수를 셈하는 데 사용한 막대입니다. 즉 옛날 버전의 계산기라고 생각하면 쉬워요. 대나무로 만들면 산대, 나무로 만들면 산목이라고 부르지만 보통 '산대'라고 통틀어 부른답니다. 중국에서 만들어져 우리나라에는 삼국시대 때 들어왔어요. 중국에서는 주판이 사용되면서 산대가 점점 사라졌지만 우리나라에서는 조선시대 말기까지 계속 사용되었답니다.

정답 5쪽

생각해 보기

1 산대로 나타낸 숫자 그림을 보고 규칙들을 발견해 보세요. 규칙에 따라 빈칸에 들어갈 산대 모양을 그려 봅시다.

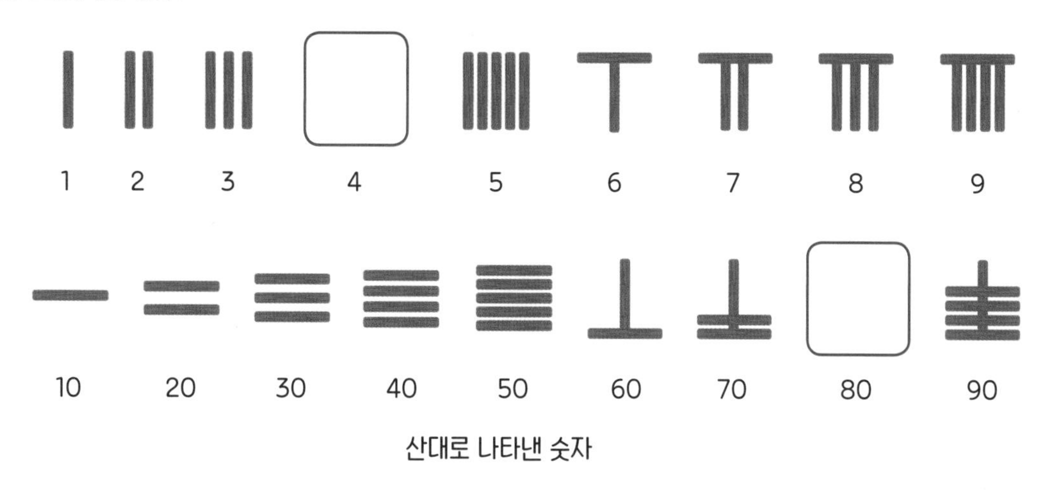

산대로 나타낸 숫자

2 산대로 셈을 할 때에는 0의 기호가 없어도, 0에 해당하는 자리를 그냥 비워 두기만 하면 되었어요. 예시에서 수를 나타내는 규칙을 파악하고, 다음 수들을 우리 조상들이 이용한 산대 모양을 이용하여 나타내 봅시다.

3052						
	예시 | 527						
7503						
	예시 | 153027						
692						
71500						

조선의 수학자들

우리가 초등학교부터 대학까지 배우는 수학은 거의 서양의 것입니다. 이렇듯 모든 개념과 기호들을 서양의 것으로 공부해 왔기 때문에 '우리나라에도 수학이 있었을까?' 하는 의문을 가진 친구들이 분명 있을 거예요. 우리나라 역사에도 수학적으로 큰 역할을 한 수학자들이 있답니다.

정인지(1396~1478)

정인지는 조선의 제24대 영의정으로 세종대왕 때 문화와 과학 발전에 크게 기여했답니다. 정인지는 천문과 산실에 뛰어난 능력을 지녔다고 알려져 있어요. 세종대왕은 정인지에 대해 "간의, 규표, 흠경각, 보루각 등의 제작에 있어 다른 신하들은 그 의미를 깊이 이해하지 못하나 정인지만이 이를 함께할 수 있다."라고 평가했다고 해요. 실제로 세종이 정인지를 앞에 두고 수학을 공부하면서 궁금한 점을 정인지에게 직접 물어보았다는 기록이 있습니다. 쉽게 말해, 정인지는 세종대왕의 수학 선생님이었던 것이랍니다.

정인지

정인지는 천체의 움직임과 같은 천문 현상들의 관계를 종합하여 『칠정산내편』을 편찬하기도 하였답니다. 『칠정산』은 1444년에 만든 우리나라 최초의 역법서로, 해, 달, 수성, 금성, 화성, 목성, 토성 총 7개 천체의 운행을 계산하는 방법이라 하여 '칠정산'이라 이름이 붙여졌다고 합니다. 정인지가 『칠정산』을 쓸 때 계산이 워낙 정밀해서 아무리 노련한 일관도 정인지의 계산을 따라 잡을 수 없을 정도였다고 해요.

이러한 능력을 바탕으로 혼천의(천체 관측기구)와 앙부일구(해시계)를 정초와 함께 설계하고, 이 설계를 바탕으로 이천이 제작했다고 전해집니다. 우리가 잘 알고 있는 장영실은 1432~1438년 이천의 책임 하에 천문 기구 제작 프로젝트에 참여했다고 해요.

혼천의

앙부일구

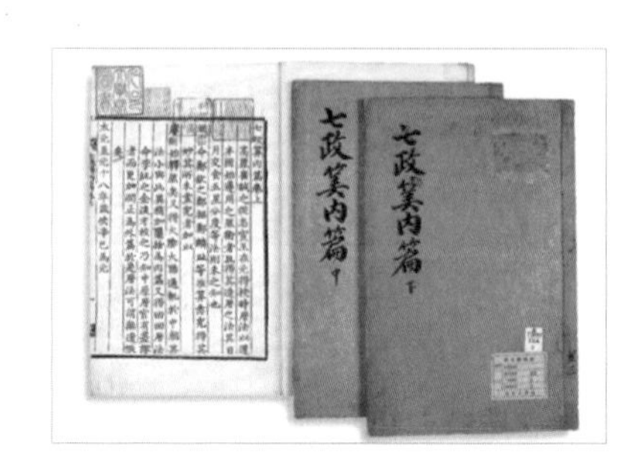

『칠정산내편』

최석정(1646~1715)

최석정은 조선시대의 문신이자 병자호란 때 청나라와의 화평을 주장한 주화파의 대표였던 최명길의 손자입니다. 헌종 13년, 1672년에 관직 생활을 시작했으며 무려 8번이나 영의정을 지낸 인물입니다. 붕당정치의 시대였기에 소론이었던 최석정은 여러 번 사직을 반복했다고 해요.

최석정은 수학자로서,『산학원본』이라는 책의 서문을 썼고,『구수략』이라는 수학 서적을 편찬했습니다.『구수략』에는 각종 마방진이 실려 있답니다. 그 중에는 1부터 n까지 한 줄에 한 개씩 쓴 라틴 방진을 가로, 세로로 겹친 그레코 라틴 방진을 세계 최초로 연구한 기록도 실려 있답니다. 또한 육각형 거북의 등딱지처럼 숫자를 배열하여 한 육각형에 오는 숫자의 합이 같도록 한 지수귀문도를 창시하기도 했어요.

최석정

『구수략』

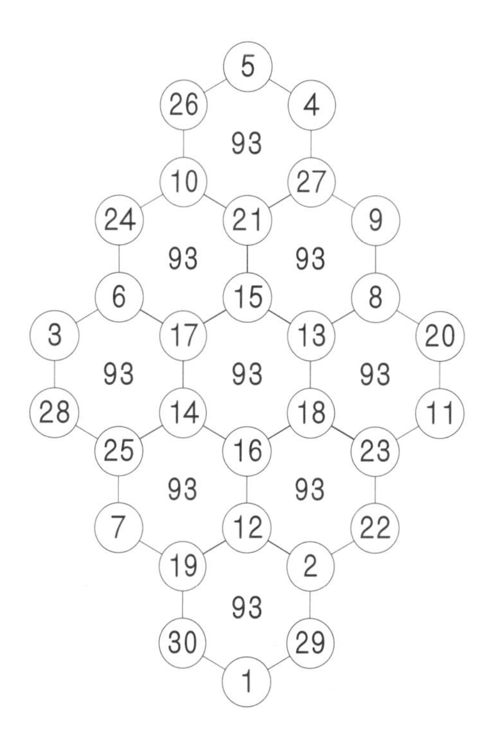

지수귀문도

2 도형과 측정

1 합동과 닮음

읽어 보기

혹시 쌍둥이인 형제자매나 친구들이 있나요? "와, 너희 정말 똑같이 생겼다!"라는 말을 듣거나 해본 경험이 있을 듯합니다. 우리가 일상적으로 쓰는 '똑같다'라는 말은 수학에서는 조금 더 자세한 의미를 가져요. 수학에서 '똑같다'는 것은 **'모양과 크기가 같은 것'**을 의미하며 **'합동'**이라고 말하고, 기호로는 ≡를 사용합니다. 테셀레이션 활동에서 무늬를 만들기 위해 이용했던 밀기, 돌리기, 뒤집기를 통해 두 도형이 겹쳐진다면 두 도형은 합동이라고 이야기할 수 있어요. 말레이시아(왼쪽)와 스페인(오른쪽)에 있는 쌍둥이 빌딩들이 대표적인 합동 건물들입니다.

그렇다면 인형 속의 인형 속의 인형 속의 인형 …. 바로 러시아의 민속 인형인 마트료시카는 어떨까요? 마치 양파처럼 큰 인형 안에 똑같은 모양이면서 크기가 작은 인형이 겹겹이 들어가 있지요. 각 인형들 하나하나는 모양은 같으며 크기는 다른 닮은 도형들입니다.

이집트의 세계적 건축물 피라미드도 마찬가지입니다. 크기는 서로 다르지만 밑면은 사각형, 옆면은 삼각형인 삼각뿔의 형태인 모양은 같아요. 마트료시카와 피라미드처럼 **모양은 같고 크기가 다른 것을 '닮음'**이라고 하고, 그렇게 닮은 두 도형을 **닮은 도형**이라고 합니다. 그렇다면 쌍둥이는 합동일까요, 닮음일까요?

정답 6쪽

생각해 보기

1 다음 모눈판을 합동인 도형 2개가 되도록 선을 따라 그어 나누어 보세요.(단, 나뉜 도형을 돌리거나 뒤집어서 같은 것은 한 가지로 생각합니다.)

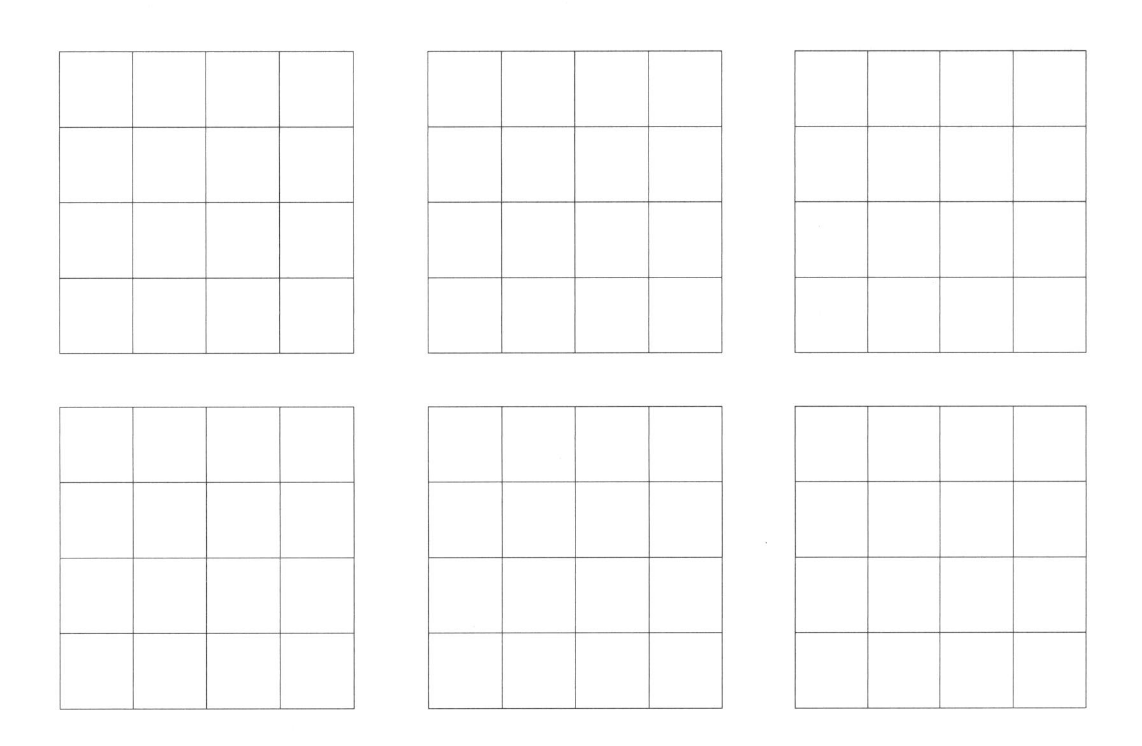

2 다음은 하나의 직사각형을 크기가 다른 정사각형들로 나눈 것입니다. 가장 작은 정사각형의 한 변의 길이를 1이라 할 때, 이 직사각형의 가로와 세로는 각각 몇이 되나요?

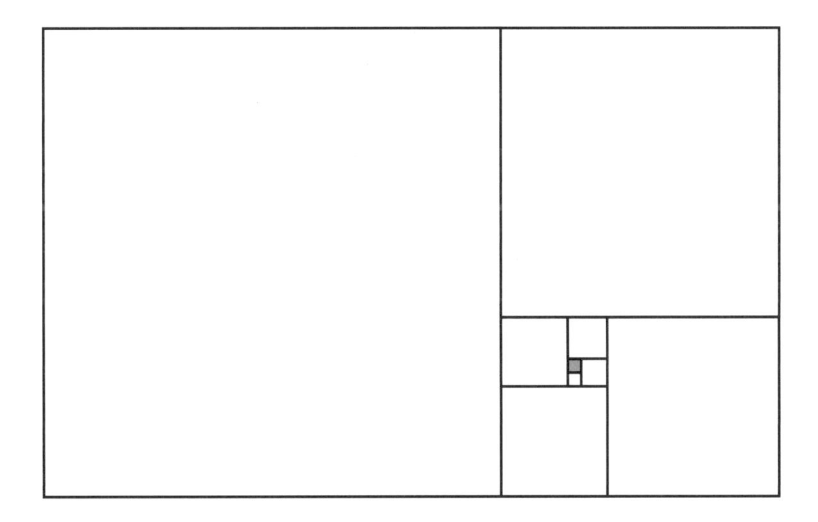

3 아래 그림은 세 각의 크기가 각각 30°, 60°, 90°인 삼각형입니다. 이 삼각형을 합동인 4개의 삼각형으로 나누어 보세요. 총 몇 가지 방법이 나오나요?

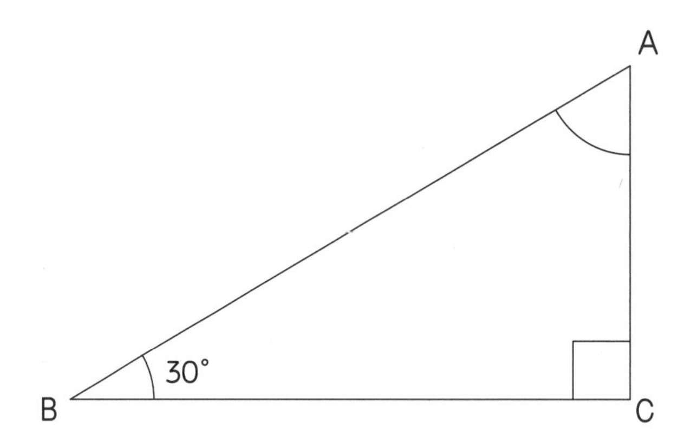

4 아래 그림에서 삼각형 ABC와 삼각형 DEC은 서로 합동인 이등변삼각형입니다. 각 EDC, 각 FCD, 각 ADF의 크기를 구해 보세요.

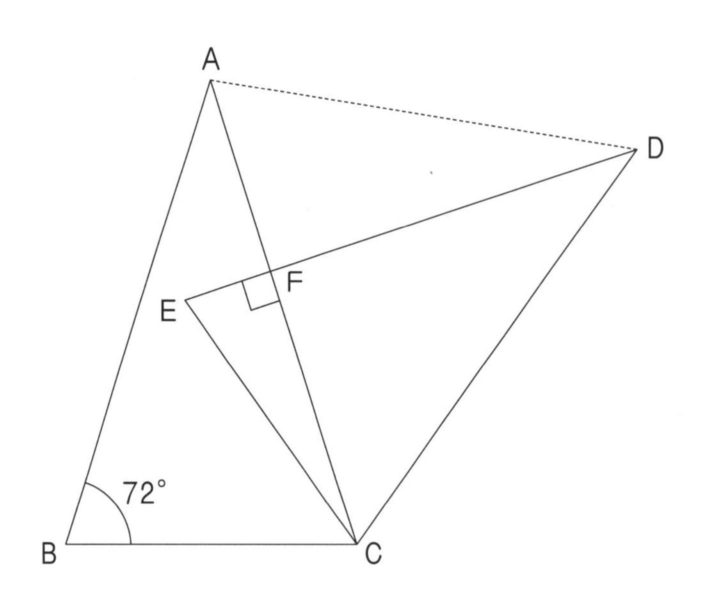

5 아래 그림과 같이 삼각형 ABC를 서로 합동인 4개의 삼각형으로 나누었습니다. 각 DEC는 몇 도인가요?

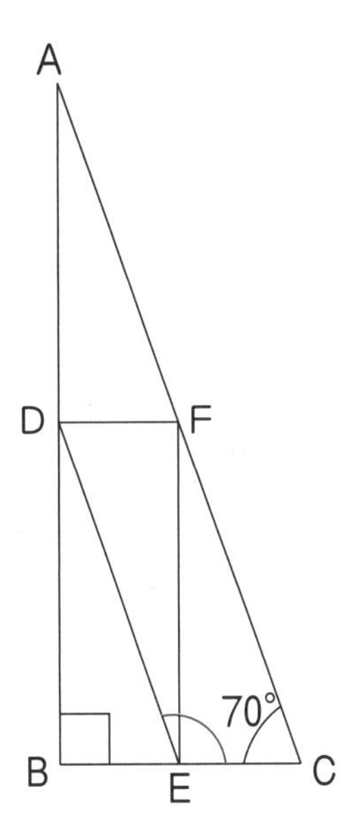

6 합동인 두 직각삼각형을 그림과 같이 겹쳐 놓았습니다. 색칠한 부분의 넓이가 $64cm^2$일 때, 선분 CE의 길이를 구해 보세요.

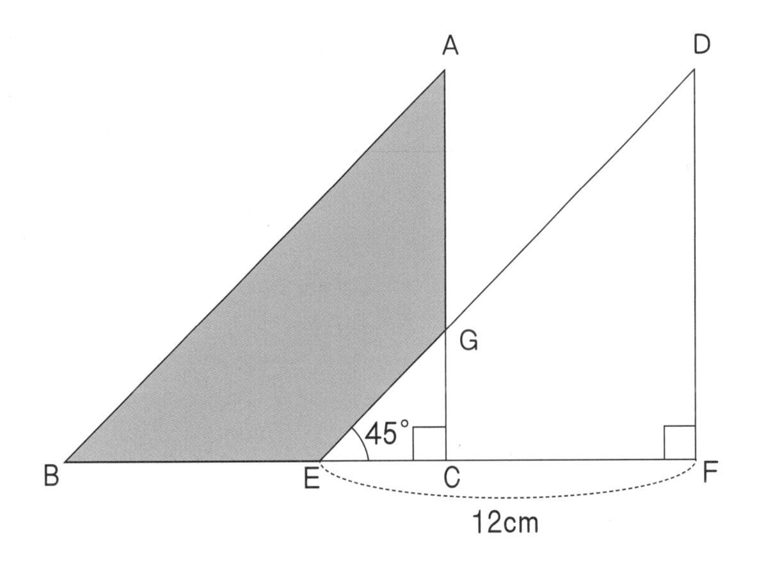

7 다음 글을 읽고 문제의 답을 찾아봅시다.

기원전 2700년경, 쿠푸왕의 대피라미드를 건설하는 계획 중입니다. 이번에 짓는 피라미드에는 약 230만 개의 돌이 사용될 예정이며, 높이는 약 147m가 될 것으로 예측됩니다. 그런데 신하들 사이에 논쟁이 붙었습니다.

"피라미드의 높이를 절반으로 줄여도 파라오의 영광을 기리는 데는 충분합니다. 높이를 절반으로 줄이면 공사 기간은 5분의 1 이하로 크게 줄일 수 있습니다."

공사를 책임진 관리는 피라미드의 높이가 반으로 줄어들면 공사 기간도 반으로 줄어야 하는 것이 아니냐며 항의했습니다. 이에 파라오는 수학자에게 피라미드의 높이를 절반으로 줄이면 공사 기간이 얼마나 줄어드는지 정확히 계산하라고 명령합니다.

피라미드는 정육면체 모양의 돌을 쌓아 만든 정사각뿔 모양의 건축물입니다. 피라미드를 축소한 쌓기나무 8층짜리 피라미드 모형과 쌓기나무 4층짜리 피라미드 모형을 이용하여 문제의 답을 찾아봅시다. 공사 기간은 피라미드 건축에 사용되는 돌의 개수에 비례하여 늘어난다고 가정해 봅시다.

❶ 8층과 4층 모형 피라미드를 만드는 데 각각 몇 개의 쌓기나무가 필요한가요?

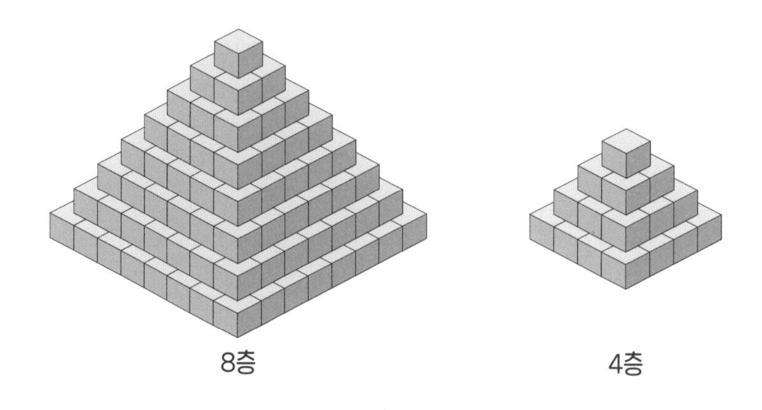

❷ 만약 8층 높이의 피라미드를 짓는 데 10년이 걸렸다면, 4층 높이의 피라미드를 짓는 데는 얼마나 걸리나요? 반올림하여 소수점 첫째 자리까지 나타내 보세요.

정답 6쪽

8 아래 그림을 보고 생각해 봅시다.

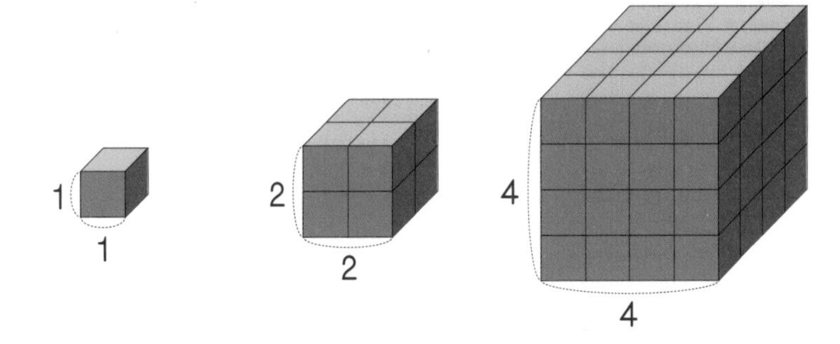

❶ 모서리의 길이가 2배로 늘어난 닮은 도형을 만들기 위해서 필요한 쌓기나무의 개수는 원래 도형의 몇 배인가요?

❷ 닮은 도형의 모서리의 길이가 $\frac{1}{2}$로 줄어들면, 필요한 쌓기나무의 개수는 몇 분의 몇 배가 되나요?

2 선대칭도형

읽어 보기

기러기, 토마토, 스위스, 인도인, 별똥별, 일요일, 아시아, '다시 합시다', '음식이 많이 식음' 등은 대칭수를 공부하며 들어보았던 단어와 표현들입니다. 거꾸로 읽어도 똑같은 이러한 단어나 구를 '팰린드롬'이라고 불렀고, 숫자 중에서도 어느 방향에서 보아도 똑같은 수를 '팰린드롬 수'라고 1권에서 불렀었지요.

평면도형 중에서도 **대칭도형**이 있습니다. 미술 시간에 데칼코마니(종이 위에 물감을 두껍게 칠하고 반으로 접어 양쪽으로 같은 무늬를 만드는 기법) 활동을 해 보았나요? 아래 데칼코마니 작품들의 경우, 왼쪽의 물감이 세로선을 기준으로 오른쪽으로 이동해서 나비 모양의 그림이 나왔네요. '평면도형의 대칭 이동'이 발생한 것이지요! 아래 작품들은 세로선을 기준으로 접으면 완벽히 겹치게 됩니다.

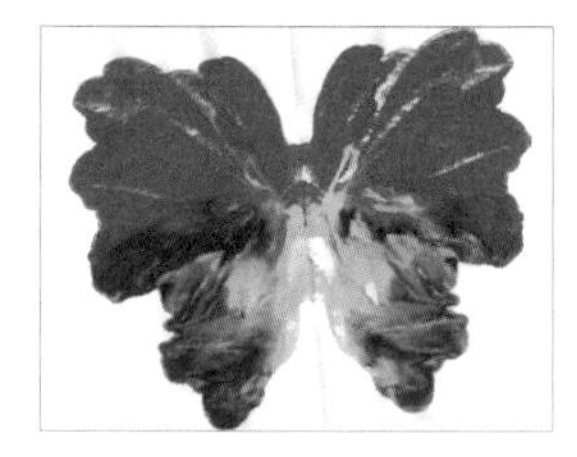

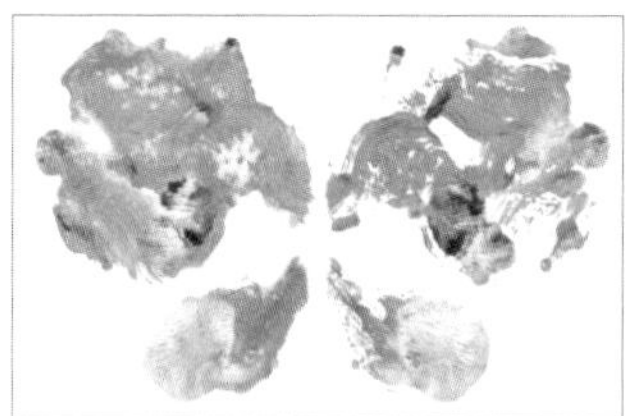

대칭은 어떤 선이나 점을 중심으로 양쪽에 꼭 같은 형태나 구성의 위치나 모양이 오는 것을 말해요. 이때, 선을 중심으로 대칭 이동하면 선대칭, 점을 중심으로 대칭 이동하면 점대칭이라고 합니다.

위 데칼코마니 작품들의 경우는 접힌 선을 기준으로 양쪽이 대칭을 이루지요? 이때 이 **대칭을 이루는 기준이 되는 직선**을 **대칭축**이라고 해요. 그리고 **선대칭도형은 어떤 직선으로 접어서 완전히 겹쳐지는 도형**입니다.

타지마할

선대칭의 아름다움으로 대표적인 건축물, 타지마할은 웅장한 궁전처럼 보이지만 사실 궁전이 아닌 묘지랍니다. 황제 샤 자한의 아내 뭄타즈 마할은 자식을 낳다 숨을 거두게 됩니다. 절망에 빠진 황제는 아내를 위해 아무도 넘볼 수 없는 기념비를 세우기로 했고, 두 사람의 영원한 사랑의 메시지가 담긴 이 건물이 바로 타지마할인 것이지요. 타지마할의 사진에서 대칭축을 찾아보세요!

• 타지마할의 완벽한 대칭

영상을 통해 아름다운 타지마할의 정교한 대칭성에 대해 알아봅시다.

→ 주소 https://www.youtube.com/watch?v=w9wTZLgROAk

스캔해 보세요!

정답 7쪽

생각해 보기

1 다음 그림들에서 대칭축을 찾아 표시해 봅시다.

2 2시를 나타내는 왼쪽의 시계를 거울에 비추었더니 10시를 나타냈습니다. 이와 같이 시계를 거울에 비추었을 때 몇 시 몇 분이 되는지 각각 그려 넣어 보세요.

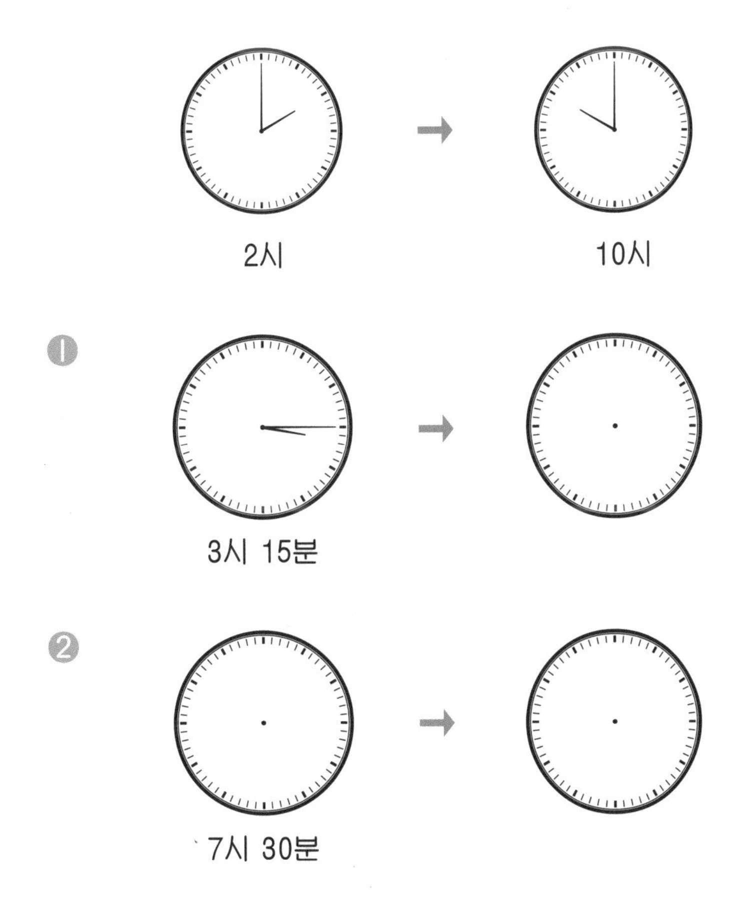

3 미술 시간에 이름을 찍을 도장을 제작하려 합니다. '유재석' 학생의 이름이 왼쪽과 같은 모양과 방향으로 찍히려면 어떻게 도장을 제작해야 하는지 오른쪽에 그려 보세요.

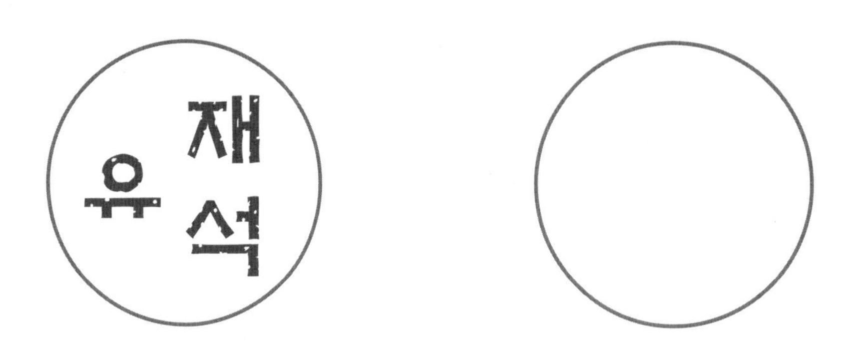

4 정다각형의 대칭축을 찾아 그려 보고, 대칭축의 개수를 적어 보세요.

	정삼각형	정사각형	정오각형	정육각형	정팔각형	정구각형
대칭축의 개수						

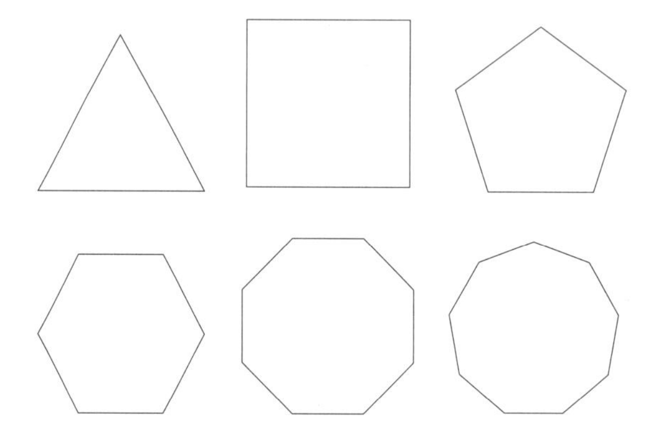

위의 결과를 보고, 정다각형의 대칭축의 개수에는 어떤 규칙이 있는지 적어 보세요.

정답 7쪽

5 다음과 같이 정사각형 9개를 3×3로 배열하여 만든 정사각형이 있습니다. 이 도형을 아래 조건에 따라 3개의 조각으로 나누려 합니다. 예시를 참고하여 3×3 정사각형을 선대칭도형 3개로 나누는 방법을 5가지 이상 찾아보세요.

| 조건 |

① 나누어진 3개의 도형은 모두 선대칭도형이어야 한다.
② 나누어진 3개의 도형과 그것을 선대칭이나 점대칭으로 표현 가능한 것은 한 가지 경우로 인정한다.
③ 3x3 정사각형에 빈칸이 발생하거나 조각끼리 겹치면 안 된다.

| 예시 |

아래와 같은 배열은 한 가지로 인정

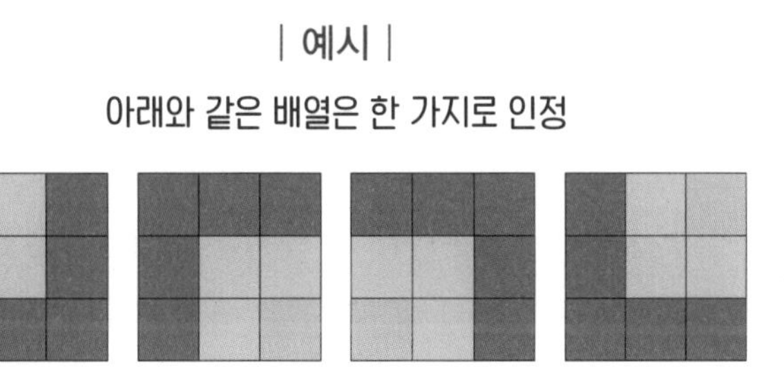

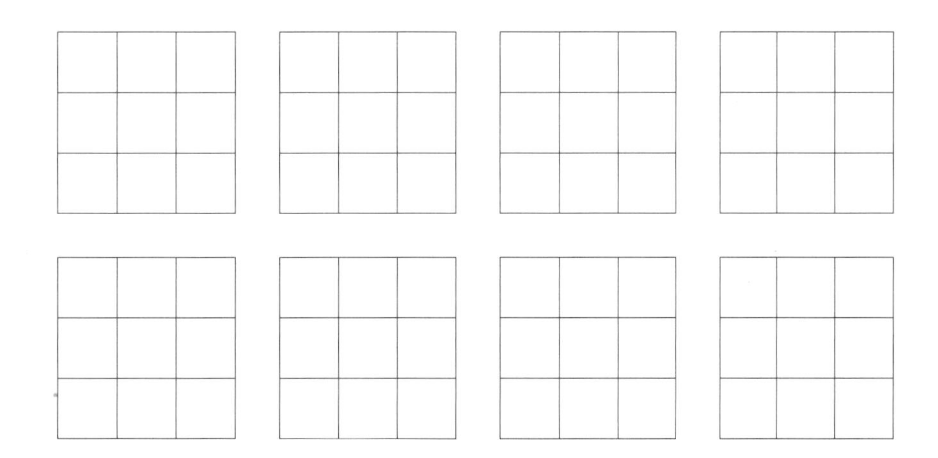

3 테셀레이션과 도형의 이동

읽어 보기

수학을 미술로 승화시킨 예술가, 에셔!

에셔

도형을 반복적으로 배열하여 틈이나 겹침 없이 평면이나 공간을 완벽하게 덮는 것을 **테셀레이션**tessellation 또는 타일링tiling이라고 합니다. 이 용어를 정의 내린 네덜란드의 수학자이자 화가, 에셔는 테셀레이션을 이용한 수많은 작품들을 남겼습니다. 테셀레이션의 성질을 독창적으로 활용하여 불가능한 3차원의 세계를 2차원의 그림으로 표현하기도 했어요.

1922년 스페인 그라나다에 있는 알람브라 궁전을 여행하면서부터 그의 독창적 예술 세계가 피어나기 시작했습니다. 14세기 이슬람 궁전인 알람브라 궁전에서 평면 분할 양식, 기하학적인 패턴을 접하며 일생에 영향을 미친 예술적 영감을 얻었어요. 그리고 그때의 기억을 쉽게 잊을 수 없던 에셔가 1936년, 다시 한번 알람브라 여행을 다녀오면서 독특한 기하학적 문양을 그림에 도입하기 시작했고, 이 무렵부터 그만의 독특한 작품들이 탄생하기 시작했습니다.

에셔는 수학적 도형뿐만 아니라 주변에서 쉽게 접할 수 있는 대상들에게 더욱 관심을 쏟았어요. 그는 정다각형을 기본으로 이를 물고기, 새, 나비 등 다양한 동물의 형태로 변형시켰습니다. 아래 그의 테셀레이션 작품들에서 어떤 동물이 등장하는지 찾아보아요.

에셔는 디자인에 대한 수학적 호기심을 멈추지 않고 이어나가 수학자 펜로즈의 삼각형 이론, 뫼비우스의 띠 등 어려운 수학 원리들을 쉽고 독창적인 방식으로 시각화하여 그렸습니다. 그의 작품들은 수학과 심리학에도 깊은 영향을 주었답니다.

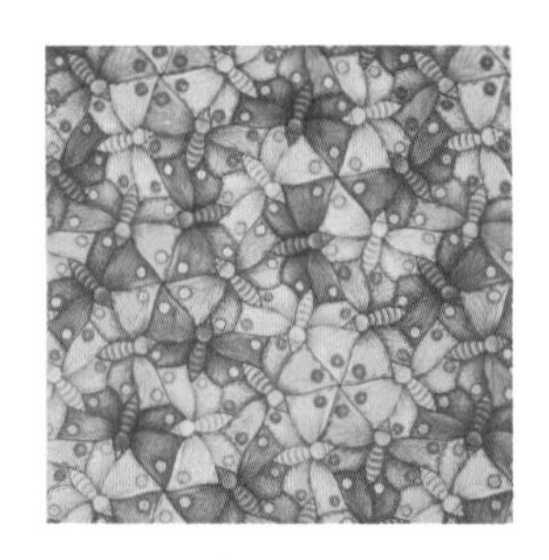

에셔의 작품들

• 에셔의 여러 가지 작품

위 그림 외에 더 다양한 에셔의 작품들을 감상해 봅시다.

→ 주소 https://mcescher.com/gallery/mathematical/

스캔해 보세요!

정답 8쪽

생각해 보기

1 다음 테셀레이션 작품의 단위모양을 찾아 표시하세요.(단위모양: 테셀레이션에서 반복되는 무늬)

2 아래 그림은 규칙적 무늬를 가진 타일 장식의 일부입니다. 타일 장식 옆에 이어서 나타나게 될 무늬는 무엇인지 오른쪽 빈칸을 채워 보세요.

❶ 

❷ 

3 '테셀레이션 기본 원칙'은 변화 전과 후의 넓이는 변하지 않는다는 것입니다. 따라서 더해 준 넓이만큼 다른 부분에서 빼서 넓이를 유지합니다.

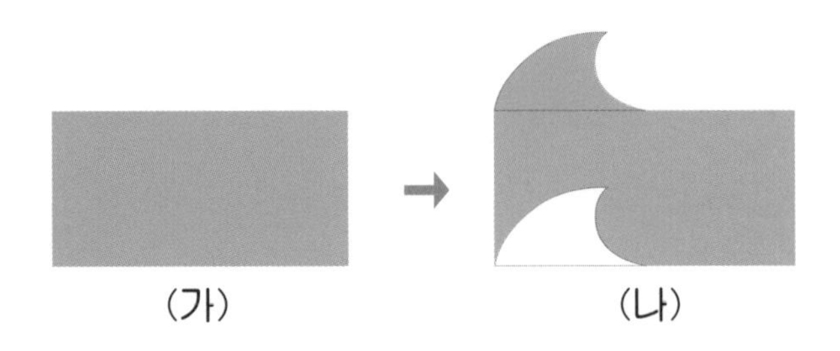

(가)도형에 변화를 주어 (나)와 같이 만들었습니다. 기본 도형에 변화를 준 테셀레이션의 처음 도형과 넓이는 변하지 않습니다. 그러므로 (가)도형에 더해 준 넓이만큼 (나)도형에서 빼주어야 하겠죠? 넓이를 빼주는 방법은 다음과 같아요.

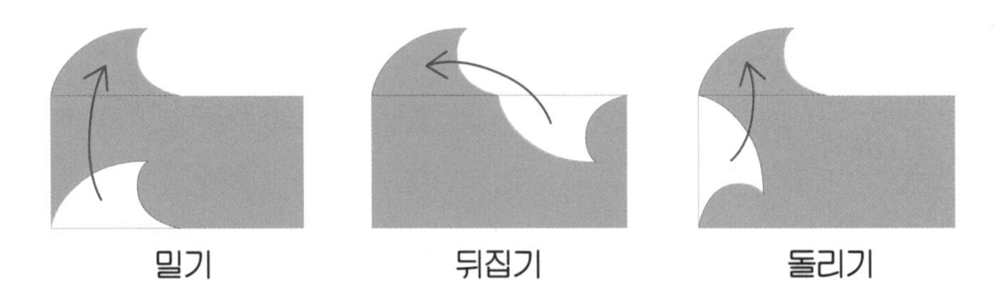

밀기로 만든 도형은 밀기, 뒤집기로 만든 도형은 뒤집기, 돌리기로 만든 도형은 돌리기로 도형을 이어 붙이면 평면을 빈틈없이 덮을 수 있는 테셀레이션이 만들어집니다.

아래 그림처럼 기본 다각형의 변을 원하는 대로 바꾼 후 밀거나, 뒤집거나, 돌려서 좀 더 다양한 형태의 단위모양을 만들 수도 있습니다. 단위모양에 재미있는 그림을 그려 넣으면 더욱 다양한 작품이 완성될 수 있어요.

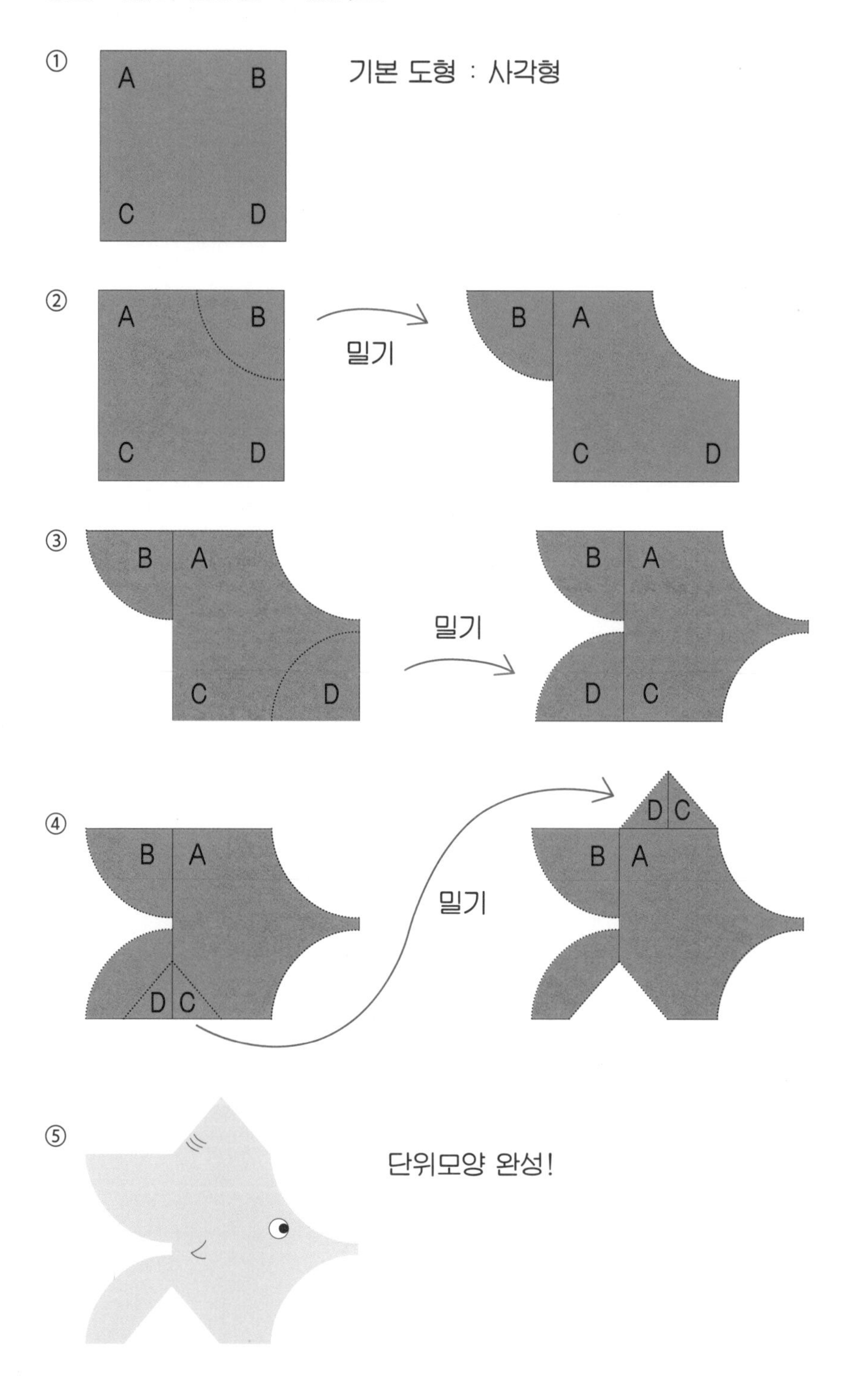

위 단위모양은 '밀기'를 통해 완성했어요. 이 단위모양을 옆, 아래로 밀어가며 빈칸을 채우면 아래와 같은 작품이 완성됩니다.

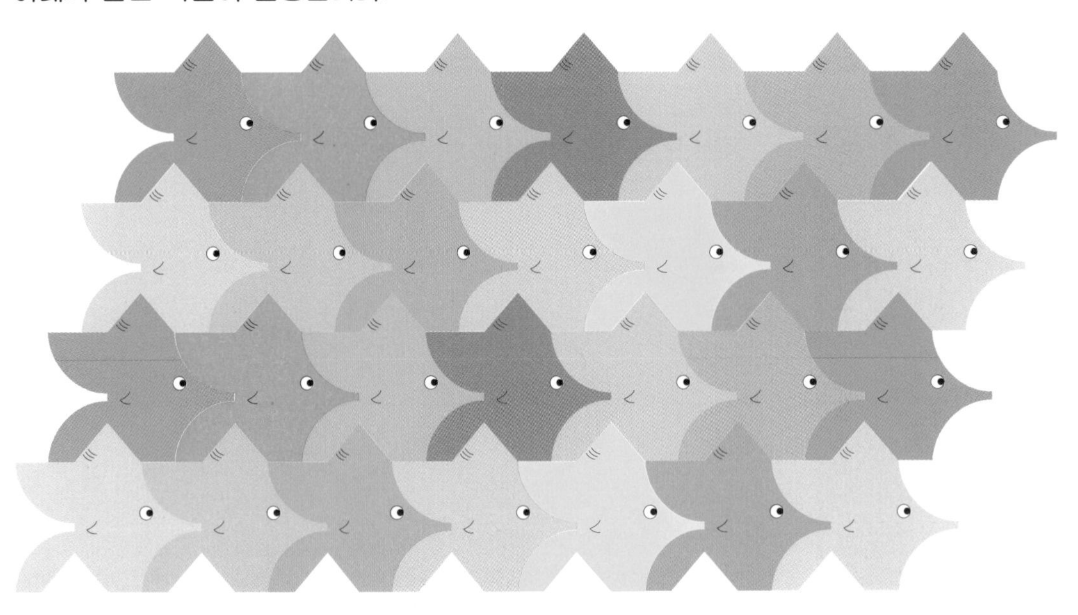

1 새로운 테셀레이션 단위모양을 구상해 봅시다.

밀기, 돌리기, 뒤집기 중 어떤 방법을 이용하였나요? (   )

정답 8쪽

❷ 단위모양을 반복 배치하여 테셀레이션을 표현해 봅시다. (부록: 모눈종이)

4 점대칭도형

읽어 보기

돌려도 똑같아요, 점대칭도형

카드로 하는 마술을 본 적이 있나요? 마술사들이 애용하는 카드는 바로 플레잉 카드입니다. 플레잉 카드는 마술에만 쓰이는 것이 아니라 숫자와 무늬들을 이용하여 여러 종류의 게임으로도 즐긴답니다.

다음 그림은 플레잉 카드의 구성입니다. 플레잉 카드는 네 가지 무늬의 숫자에 따라 1(A)부터 10까지의 숫자 카드와 J, Q, K 총 3종류의 메이저 카드로 구성되어 있어요. 그런데 카드를 잘 살펴보면 왼쪽 상단의 숫자 말고도 오른쪽 하단에도 똑같이 숫자가 쓰여있습니다. 무늬들도 카드 하단에는 뒤집혀 있네요. 왜 그런 것일까요? 아마도 게임을 마주 보고 하는 경우가 많으니 카드 게임을 즐기는 플레이어와 맞은편 플레이어 모두 카드를 잘 알아볼 수 있도록 제작했다고 예상할 수 있습니다.

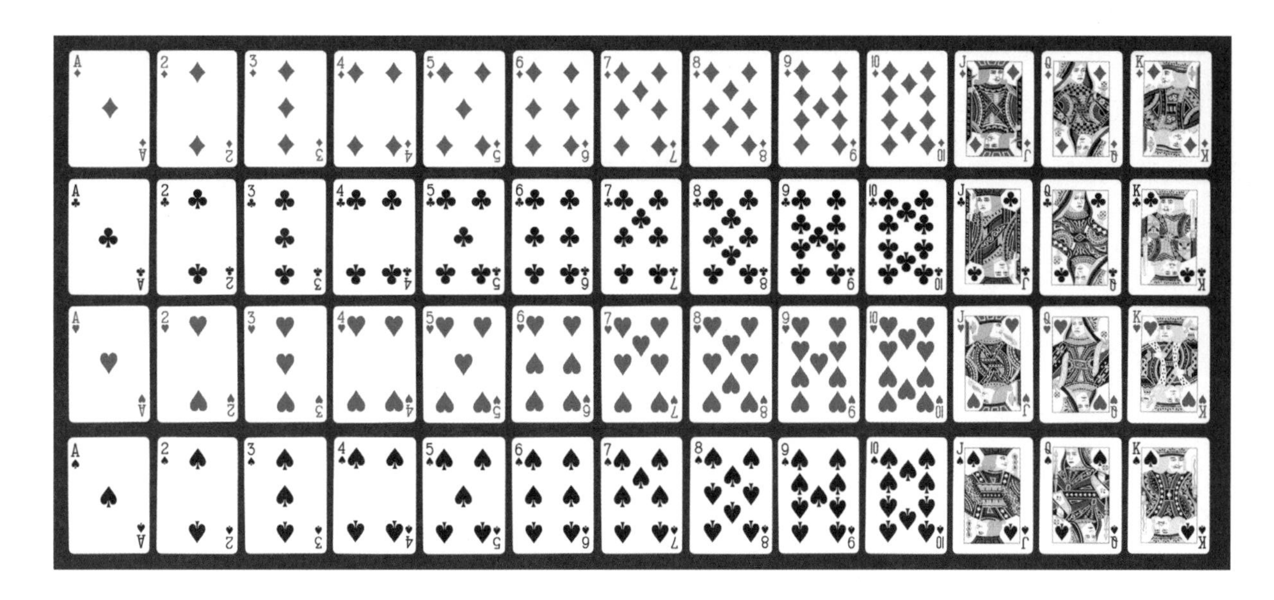

'마주 보는' 플레이어, 여기에 바로 **점대칭**이 적용되었어요. 상대방이 내 맞은편에 있다면 나의 180° 맞은편에 앉아 있겠네요. 점대칭은 이름 그대로 점을 중심으로 만들어진 대칭입니다. 도형 중에는 **한 점을 중심으로 180° 돌렸을 때 처음 도형과 완전히 겹쳐지는 경우**가 있어요. 이를 **점대칭도형**이라고 합니다. 이때 중심이 되는 점을 **대칭의 중심**이라고 해요. 그래서 점대칭도형을 찾을 때는 대칭의 중심이 도형의 가운데 부분에 있다고 상상하고 머릿속으로 180°를 돌려서 생각하면 됩니다.

아래 하트 2와 스페이드 K 카드를 볼까요? 대칭점을 중심으로 180° 돌렸을 때 다시 원래의 카드 모양이 됩니다. 따라서 두 카드는 점대칭도형이라고 말할 수 있네요.

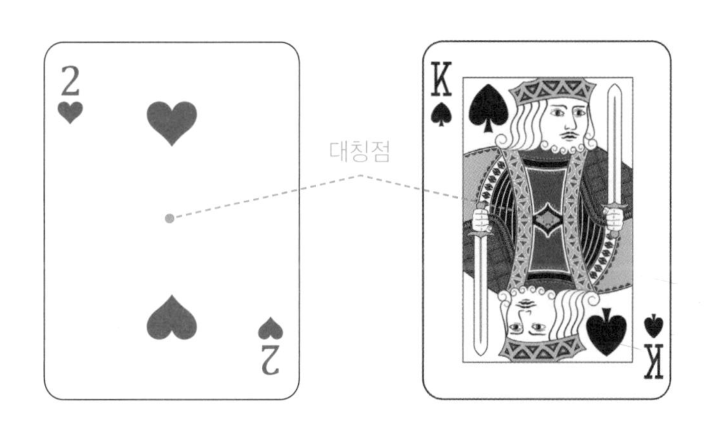

생각해 보기

1 플레잉 카드를 구성하는 네 가지 무늬는 다이아몬드(♦), 클로버(♣), 하트(♥), 스페이드(♠)입니다. 4개의 무늬 중 점대칭인 무늬는 무엇인가요? 무늬를 그리고, 대칭점을 표시해 보세요.

2 57쪽의 카드를 살펴보고 다이아몬드(♦)를 구성하는 카드 중 유일하게 점대칭도형이 아닌 카드를 찾아, 점대칭도형이 될 수 있도록 다이아의 위치를 옮겨 디자인해 보세요.

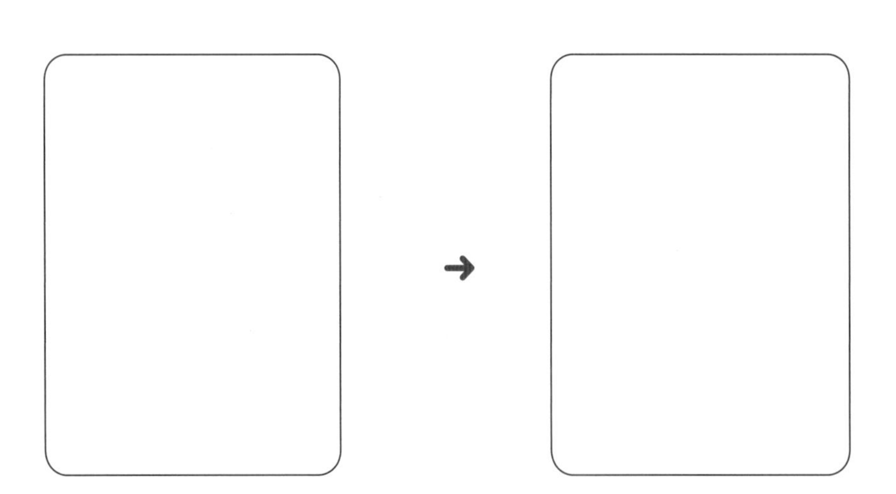

정답 9쪽

3 아래 글씨체의 알파벳들을 보고 답을 찾아봅시다.

❶ 아래 알파벳들을 주어진 대칭축의 개수를 기준으로 분류하세요.

A B C D E F G

H I J K L M N O P

Q R S T U V W

X Y Z

대칭축이 없음	대칭축의 개수가 1개	대칭축의 개수가 2개 이상

❷ 알파벳들 중, 선대칭도형은 아니지만 점대칭도형인 것은 무엇인가요?

❸ 알파벳들 중, 선대칭도형이면서 점대칭도형인 것은 무엇인가요?

4

0부터 9까지의 디지털 숫자를 이용하여 선대칭 또는 점대칭이 되는 숫자들을 만들려 합니다. 다음 물음에 답해 보세요.(한 숫자를 여러 번 사용할 수 있습니다.)

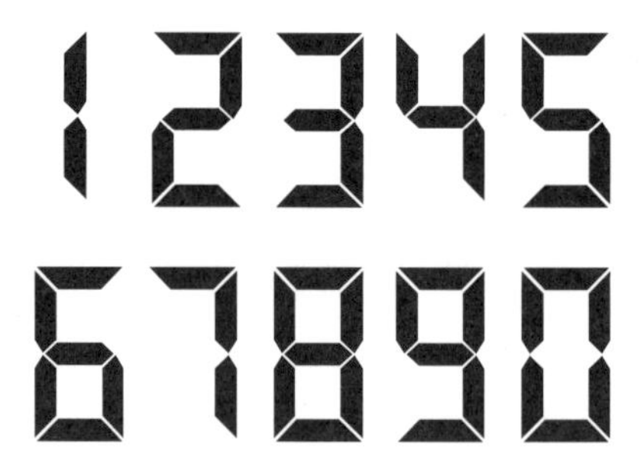

❶ 선대칭도형이 되는 네 자리 수 중 두 번째로 큰 수는 무엇인가요?

❷ 3000부터 6000 사이의 네 자리 수 중 점대칭이 되는 수는 모두 몇 개인가요?

5 아래의 글자 중 선대칭이 되는 글자의 개수를 ♥, 점대칭이 되는 글자의 개수를 ★이라고 한다면 ♥-★의 답은 무엇이 되나요?

아 무 극 용 표 늑

를 유 묘 문 녹 근

6 아래 국기에서 점대칭도형인 국기를 모두 찾아보세요.

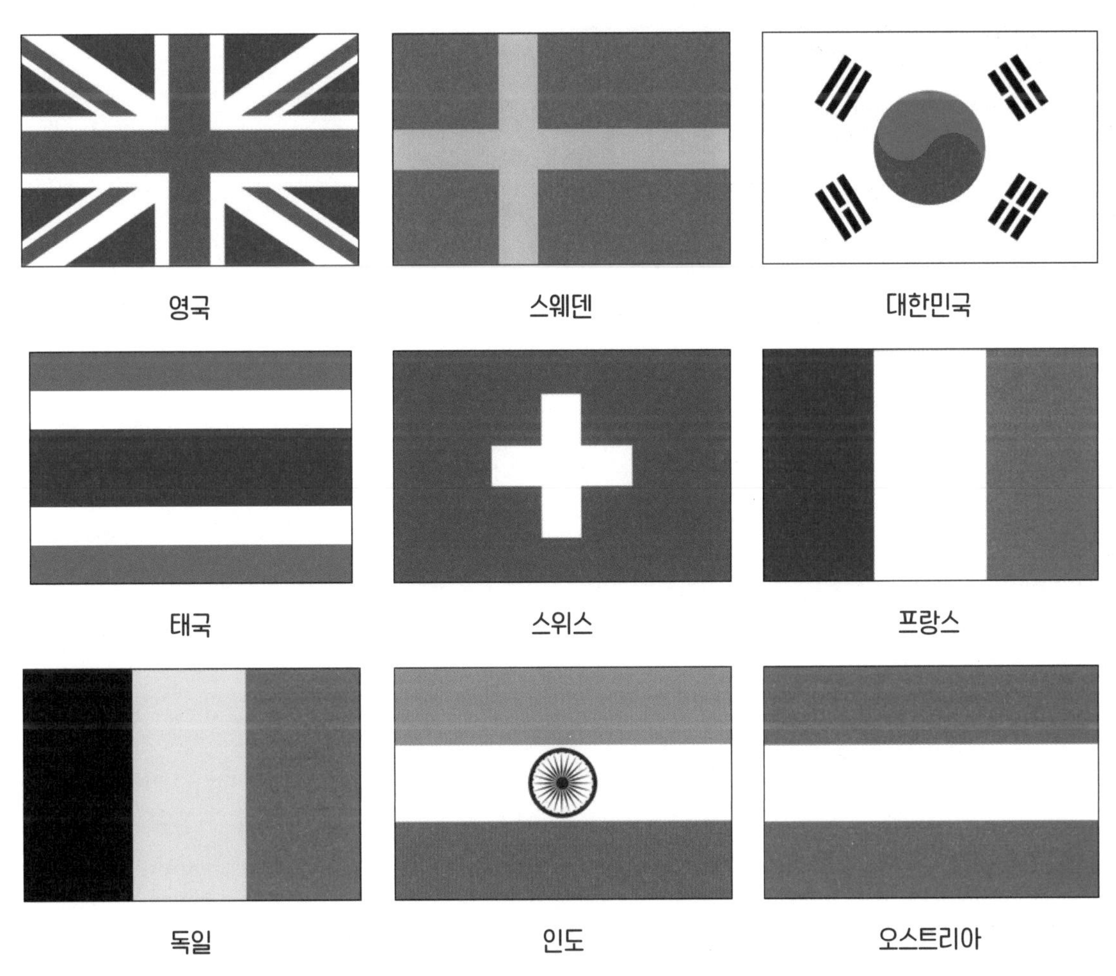

5 우유갑의 전개도

읽어 보기

왜 캔 우유는 없을까?

우리나라 흰 우유 연간 소비량은 약 136만 톤으로 많은 사람이 즐겨 마시는데, 우유를 구매하기 위해 마트나 편의점에 가보면 종이갑이나 플라스틱병에 담겨 있는 모습을 보게 됩니다. 대부분 음료가 캔에 담겨 판매되는데 왜 캔 우유는 없는 것일까요?

사실 종이갑은 우유를 담기에 여러모로 불편한 점이 많습니다. 개봉하는 것도 불편하고, 개봉한 후에 제대로 밀봉하기도 어렵지요. 게다가 튼튼하다고 하기도 어려워, 실수로 떨어뜨리면 터질 위험도 있어요. 종이라서 떨어뜨렸을 때 다칠 위험은 적어 보이는데, 어린 아이들도 자주 마시는 음료이니 이런 점도 고려하여 종이로 만든 것일까요?

캔 우유가 없는 데에는 여러 이유가 있습니다. 우유는 온도에 민감한 식품입니다. 반드시 0~10°C의 온도를 유지해 주어야 하고, 이보다 높은 온도에서는 상할 우려가 있습니다. 이와 관련해 캔은 열전도율이 높은 포장재이므로 우유를 캔에 보관하는 것은 적합하지 않아요.

또한 우유는 살균제품인데 대부분 캔 포장 제품은 멸균 과정을 거칩니다. 즉 고온고압의 환경에서 식품을 가열 살균하는데 우유는 이 방식을 적용하기에 적합한 식품이 아닙니다.

그리고 우유의 유통기한은 제조일로부터 9~14일로 다른 음료보다 유통기한이 짧은 편입니다. 우유 회사 입장에서는 포장재의 가격이 높은 캔을 사용하면 비용 부담이 커지게 되는 것이지요.

마지막으로 캔은 주석으로 도금된 강철판을 사용한 용기인데, 여기에 우유를 담은 캔을 개봉했을 때 공기 중의 산소가 우유의 성분들과 반응하여 우유가 부패할 수 있습니다. 이와 같은 이유들로 우유는 캔 용기를 사용하지 않는 것이지요.

그런데 일부 제품은 우유의 형태로 보임에도 캔에 담아서 팔기도 합니다. 사실 이들 제품은 코코아 분말이나 탈지분유 등이 섞인 혼합 음료이고 우유로 보기에는 어렵다고 해요.

정답 9쪽

생각해 보기

1 정육면체의 전개도는 11가지입니다. 이 전개도를 직사각형 종이에 그리려고 할 때 사용되는 직사각형의 넓이가 최소가 되게 하려고 합니다. 어떤 모양으로 전개도를 그려야 할까요? (단, 붙이는 부분은 제외)

2 다음과 같은 뚜껑이 없는 재활용 분리수거함(3칸)의 전개도를 그리려 합니다.

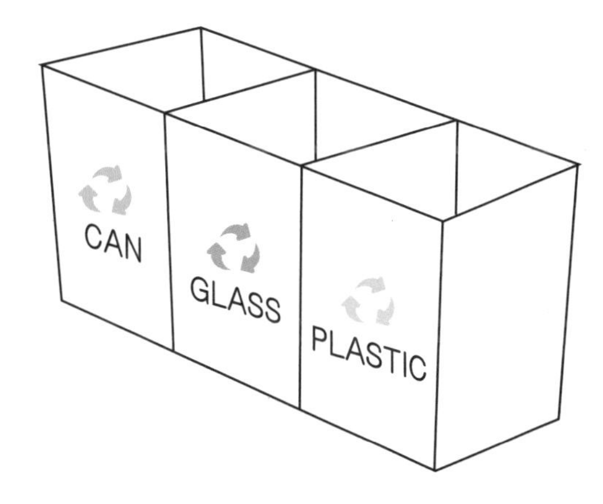

❶ 아래와 같이 뚜껑 없는 상자 한 개의 전개도가 되는 것을 2가지 더 그려보고, 서로 마주 보는 면에 각각 같은 A, B를, 마주보는 면이 없는 면에는 "★"를 적어 보세요.

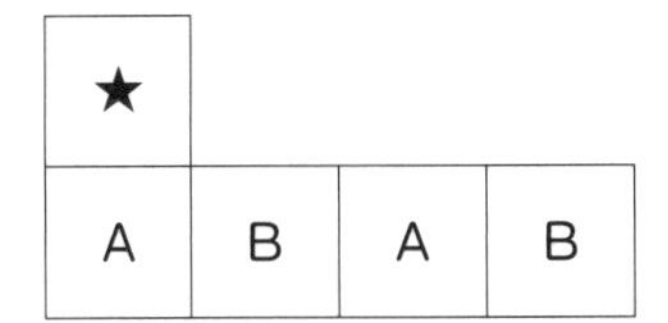

❷ 유상이는 3칸 재활용 분리수거함을 만들기 위해 아래와 같은 모양으로 전개도를 그렸습니다. 주어진 선분 중 일부를 자르면 문제의 그림과 같은 3칸 분리수거함을 만들 수 있습니다. 어느 부분을 자르면 되는지 표시해 보세요.(단, 칸과 칸 사이에 있는 면은 풀로 붙여지는 부분 없이 고정되지 않습니다.) (부록: 분리수거함 전개도)

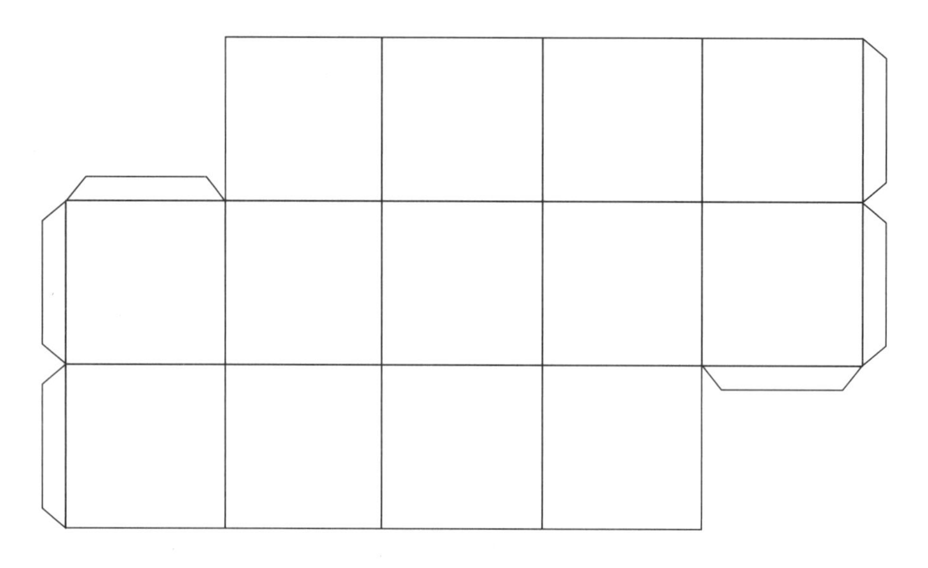

◆ 부록의 전개도를 이용하여 확인해 보세요.

3

종이팩은 주로 위생적으로 안전이 필요한 우유, 음료, 두유 등을 포장하는 데 사용되는 용기로 살균제품 포장용도로 사용되는 카톤팩(탑형)과 멸균포장용으로 사용되는 아셉틱 카톤팩(벽돌형)의 두 종류로 나눌 수 있습니다.

살균팩(탑형)	멸균팩(벽돌형)

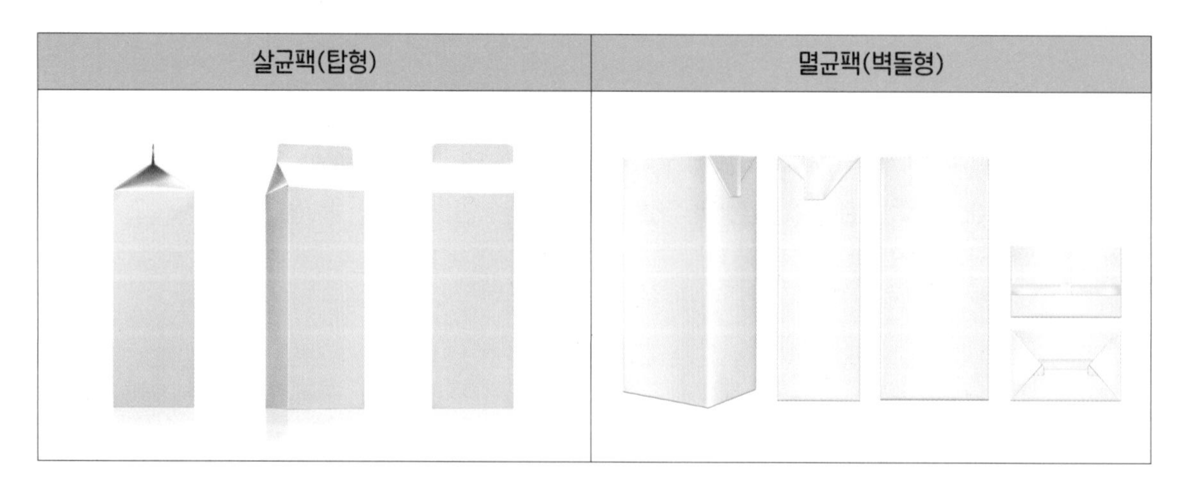

살균팩, 멸균팩 그림을 참고하여 각 전개도에서 빠진 부분을 완성해 보세요. (부록: 살균팩 전개도, 멸균팩 전개도)

정답 9쪽

❶

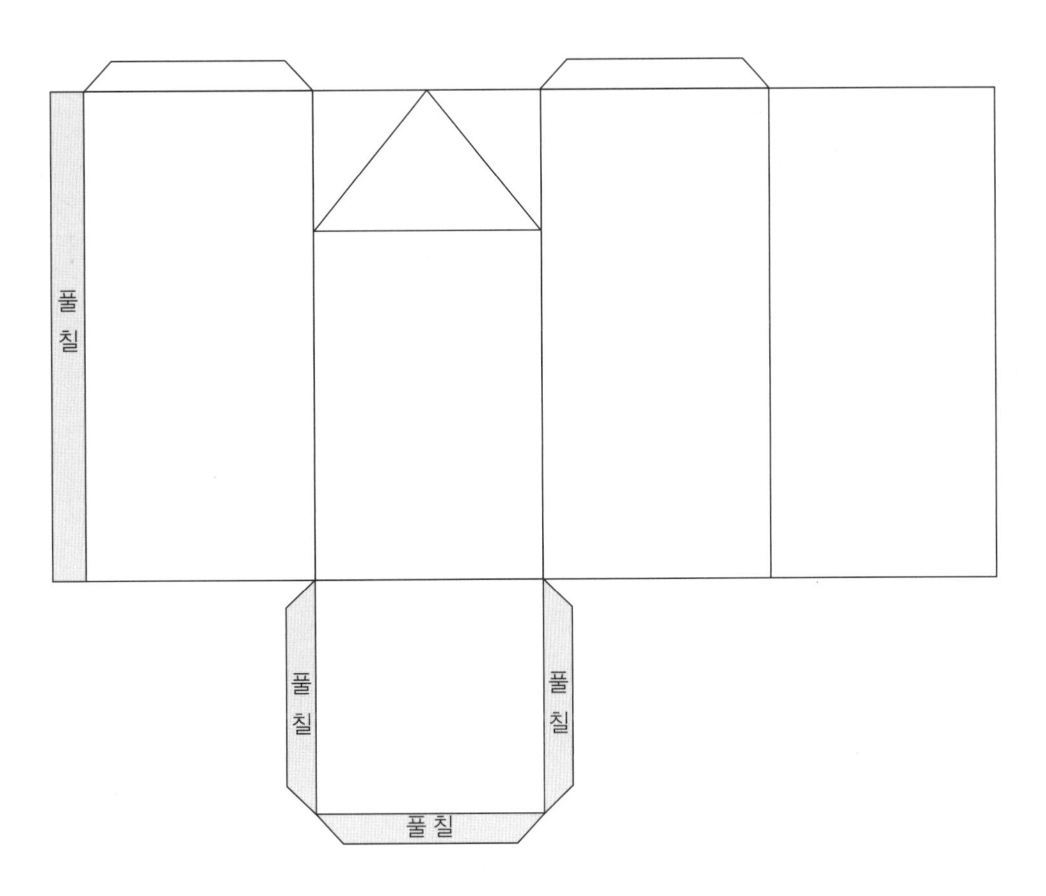

❷

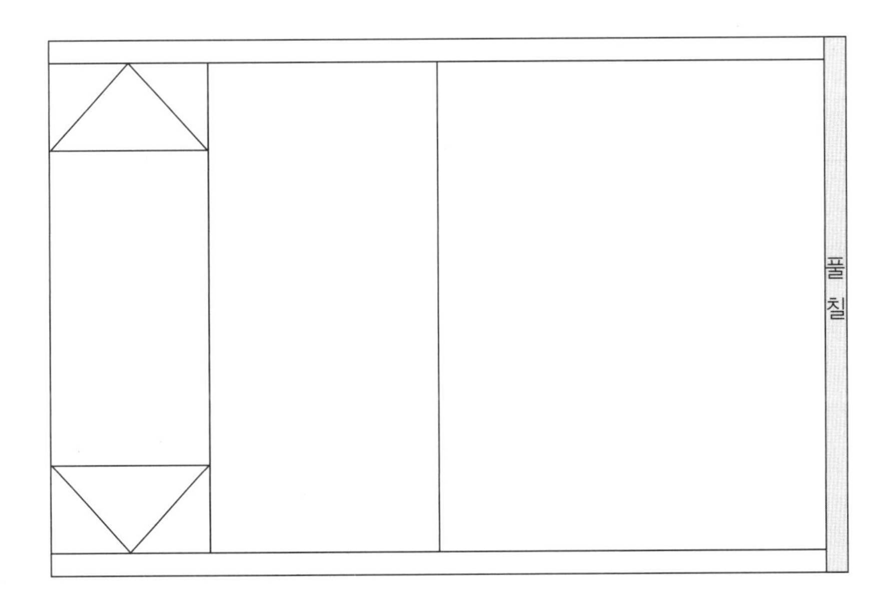

◆ 부록의 전개도에 내가 올바르게 빠진 부분을 그려 넣었는지 직접 선을 그리고 만들어 확인해 봅니다.

4 전개도는 입체도형 겨냥도로, 입체도형은 전개도로 나타내 보세요. 겨냥도를 그리는 경우 보이는 선(-)과 보이지 않는 선(···)을 구별하여 그립니다.

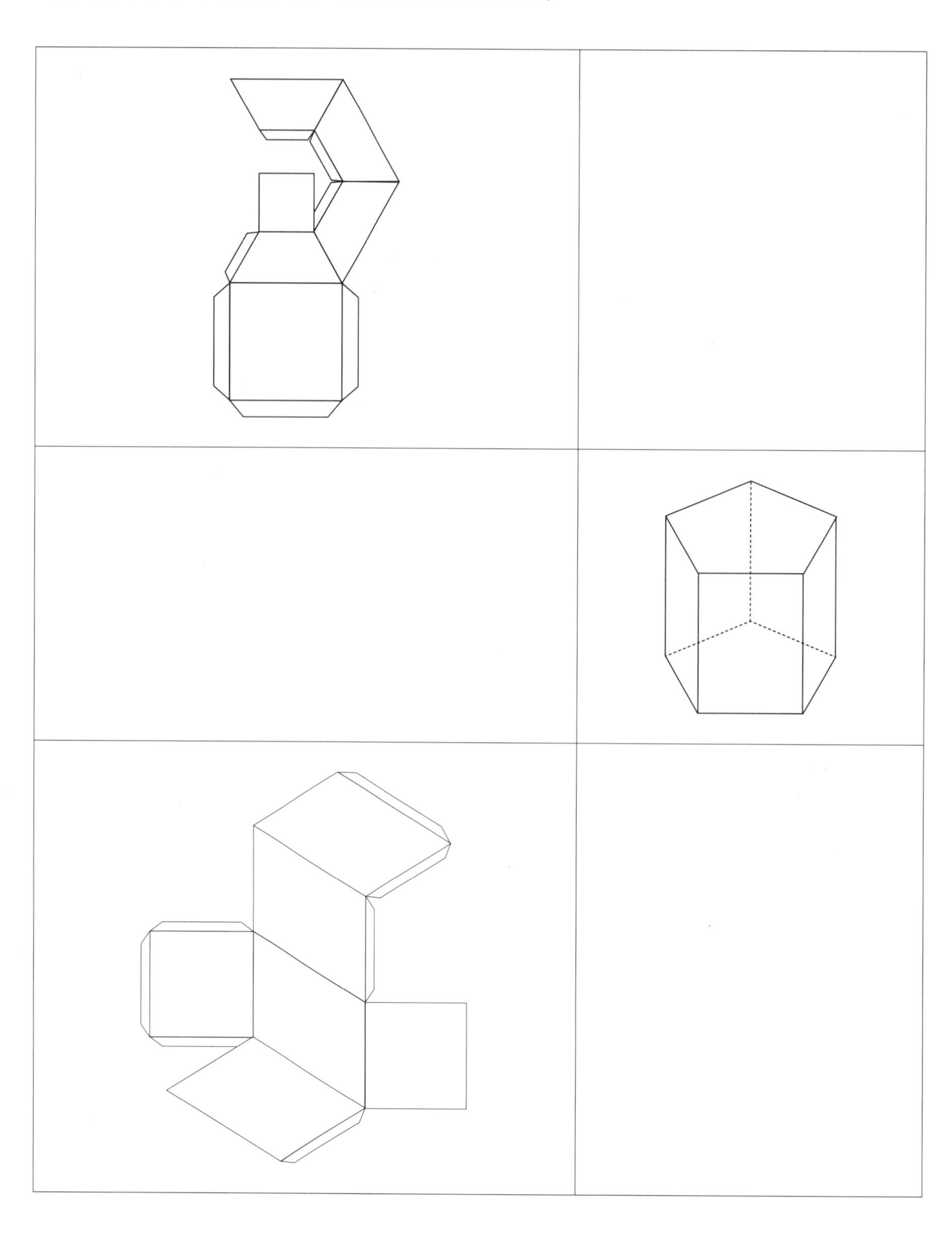

5 다음과 같은 입체도형의 전개도는 아래의 정육면체의 전개도를 이용하여 생각해 볼 수 있습니다. 전개도에서 세 곳에 잘라서 접으면 가능합니다. 아래 전개도에 접는 곳(⋯)과 잘라야 하는 곳(-)을 표시해 보세요.

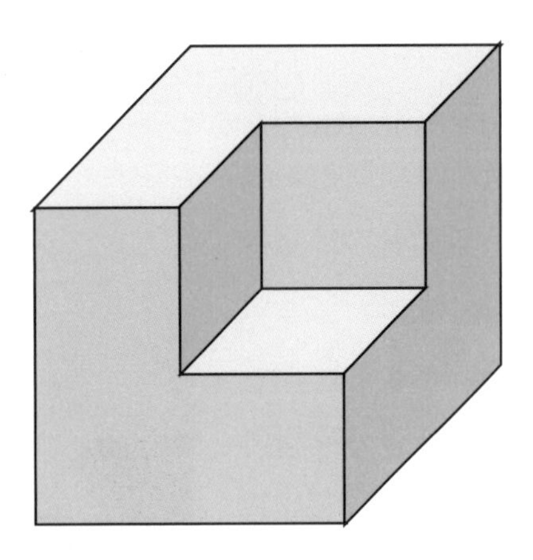

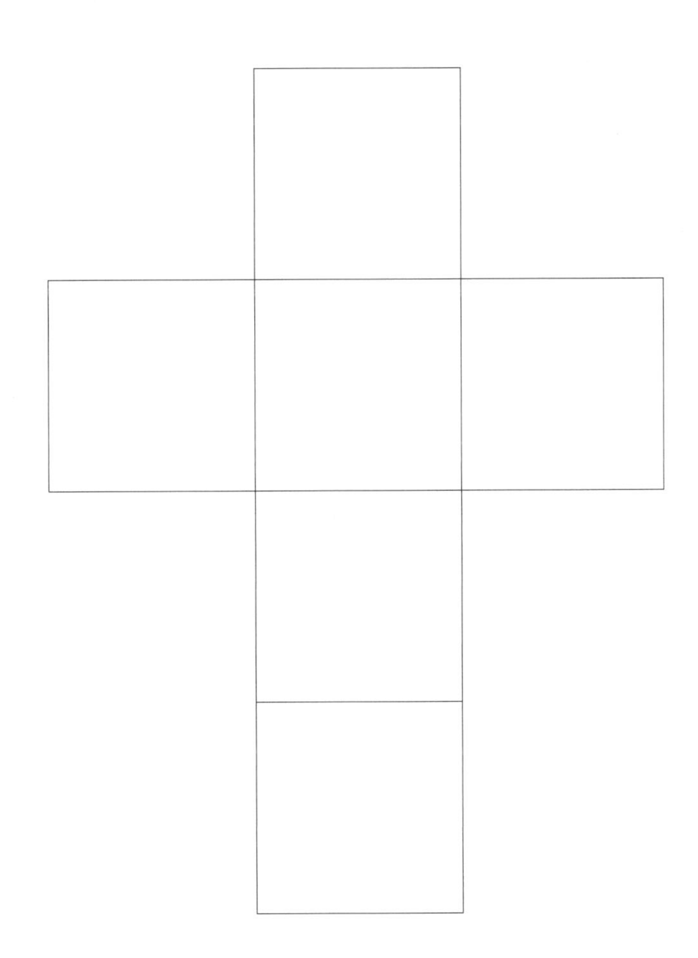

원근법과 소실점

옆의 그림은 호베마의 〈미델하르니스의 길〉이란 작품입니다. 작품의 이름이면서 동시에 그림의 배경이 되는 미델하르니스라는 장소는 네덜란드에 있는 작은 섬마을이에요. 이 그림은 높은 하늘과 길게 뻗은 나무 그리고 한적한 가로수 길을 통해 작은 시골 마을의 서정적이고 여유로운 풍경을 담담하게 담아내고 있다는 점에서 많은 사랑을 받고 있는 작품이랍니다. 하지만 이 작품이 유명한 또 다른 이유는 원근법을 활용하여 그림의 입체감과 사실성을 극대화시킨 대표적인 그림이라는 점이에요.

〈미델하르니스의 길〉

원근법이란 그림을 그릴 때, 물체를 실제 눈에 보이는 것과 같이 멀고 가까운 거리감이 드러나게 표현하는 방법을 뜻해요. 원근법이 나타나도록 하는 방법에는 여러 가지가 있는데, 가장 쉬운 방법은 크기가 같은 두 개의 물체를 가까운 것을 크게 그리고 먼 것을 작게 그리는 것입니다. 이러한 방법은 기하학을 바탕으로 발전한 것으로, 이를 통해 화가들이 삼차원의 공간을 평면에 더욱 실감 나도록 표현하는 것이 가능해졌어요.

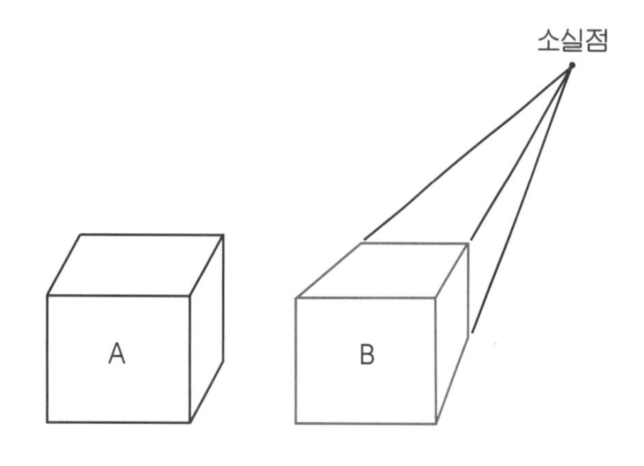

크기가 아닌 색이나 명암을 이용하여 원근법을 표현하기도 해요. 똑같은 물체라도 멀리 보이는 물체의 색이 대기에 의해 약간 다르게 보이는 것을 현상을 이용한 것이랍니다. 이를 공기 원근법 또는 대기 원근법이라고 하지요. 〈미델하르니스의 길〉은 기하학의 원리를 이용한 원근법의 대표적인 예라고 할 수 있어요.

원근법을 이야기할 때 반드시 같이 나오는 용어가 **소실점**입니다. 소실점이란 그림이나 설계도 등에서 투시하여 물체의 연장선을 그었을 때, 선과 선이 만나는 점을 뜻해요. 왼쪽 그림의 B 직육면체의 모서리의 연장선들이 만나는 점이 바로 소실점이랍니다. B 직육면체가 A 직육면체보다 더 입체적으로 보이는 이유는 B 직육면체는 소실점을 반영하여 그린 그림이기 때문이에요. 그렇다면 이러한 소실점과 원근법에는 어떠한 관계가 있을까요? 다음 그림을 통해 다시 살펴봅시다.

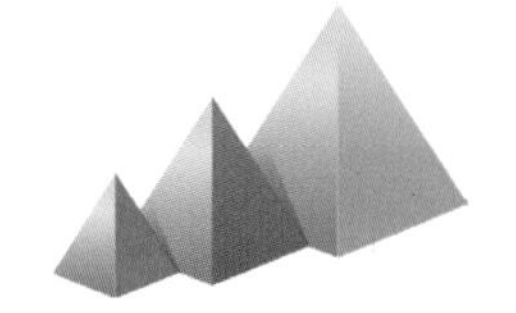

앞에서 본 두 직육면체의 뒷공간에 작은 직육면체를 그려 넣었습니다. 앞과 뒤의 직육면체의 크기가 실제로 같다고 가정하면 뒤쪽 직육면체를 더 작게 그렸으므로 원근법을 적용했다고 볼 수 있어요. 하지만 위의 경우처럼 B 직육면체가 더 입체적으로 느껴지는 이유는 작은 직육면체 또한 소실점의 연결선 상에서 그려 넣었기 때문이랍니다. 이렇듯 단순히 멀리 있는 물체를 작게 그리는 것만으로는 제대로 된 원근법을 표현하기 부족해요. 크기를 작게 하면서도 소실점의 위치를 잡아 그림을 그려야 더 정확하고 입체적인 그림이 완성되는 것이랍니다.

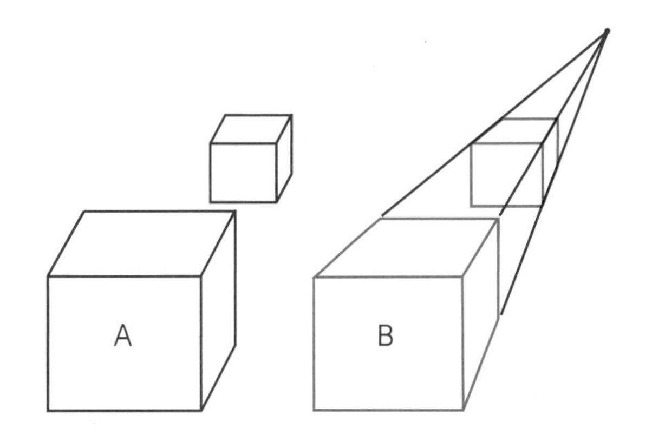

그림 앞에서 살펴보았던 〈미델하르니스의 길〉 속에도 과연 소실점이 존재하는지 다음의 그림을 다시 한번 살펴볼까요? 그림 속의 하얀색 선은 나무가 점점 작아지는 것과 길이 점점 줄어드는 것을 선으로 나타내어 본 것이에요. 뒤쪽으로 갈수록 점점 크기가 줄어드는 **원근법**을 나타내면서도 정확하게 길의 끝과 나무가 사라지는 끝이 하나의 **소실점**으로 완벽하게 일치하는 것을 확인할 수 있지요? 더욱 놀라운 것은 소실점에 평행하도록 그은 또 하나의 선이 그림의 지평선과 정확하게 맞아 떨어진다는 점이에요. 소실점은 꼭 하나만 존재하는 것은 아니에요. 어떤 그림은 2개 이상의 소실점을 통해 더욱 입체감이 드러날 수 있어요. 앞에서 살펴본 직육면체의 경우 아래의 그림처럼 2개의 소실점을 이용하여 입체감을 나타낼 수도 있답니다.

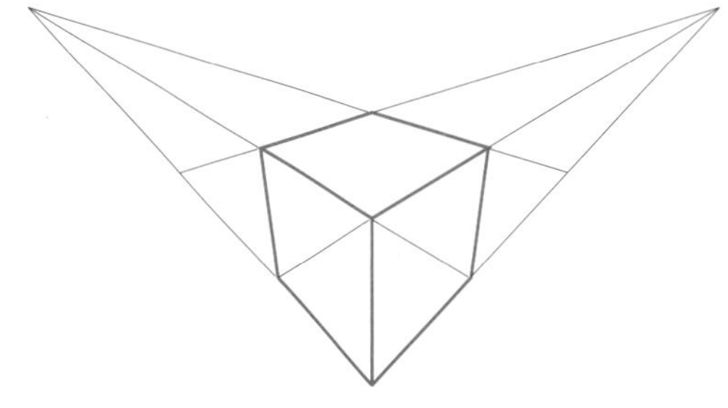

3

규칙과 추론

1 국제표준도서번호

읽어 보기

책에도 주민등록번호와 같은 고유한 번호가 있습니다. 이것이 바로 **국제표준도서번호**인 ISBN(International Standard Book Number)입니다. 현재 전 세계에서 출판되는 모든 책마다 그 책의 고유번호인 ISBN이 부여됩니다. ISBN은 과거에는 10자리 숫자로 사용되다가, 출판하는 책이 많아지며 2007년부터는 13자리 숫자를 사용하고 있어요.

ISBN에는 책을 출판한 국가, 발행인, 도서명 등의 정보가 담겨 있습니다. 그 중 마지막 숫자가 바로 열쇠가 되는 **체크숫자**로 정확한 ISBN이 맞는지 여부를 확인할 수 있습니다.

978 또는 979	□□	□□□□	□□□	□
시작 번호	발행국가 (대한민국은 89 또는 11)	발행자	책	체크숫자

ISBN의 체크숫자 정하는 방법

체크숫자는 앞에서부터 홀수 번째 자리에 있는 숫자들을 그대로 더하고 짝수 번째 자리에 있는 숫자들은 3배 하여 더한 전체의 합이 10의 배수가 되도록 정합니다.

다음은 체크숫자가 손상된 ISBN입니다. 손상된 체크숫자를 구하는 방법을 알아봅시다.

978 - 11 - 6832 - 227 - □

① 홀수 번째 자리에 있는 숫자들 더하기

9+8+1+8+2+2+□=30+□

② 짝수 번째 숫자들의 3배의 합을 구하기

(7+1+6+3+2+7)×3=26×3=78

③ 30+□+78=108+□=10의 배수

→ □는 0부터 9까지의 숫자 중 하나이므로 108+□가 10의 배수가 되려면 □=2

정답 10쪽

생각해 보기

1 다음의 ISBN에서 체크숫자를 구해 봅시다.

① 978-89-3766-665-□

② 979-11-8865-699-□

③ 979-11-9527-940-□

④ 978-89-8739-697-□

2 다음 ISBN의 손상된 숫자를 구해 봅시다.

① 978-89-2368-□06-3

② 978-89-9□21-589-9

③ 978-89-8372-□24-0

④ 978-89-□817-398-5

3 앞으로 내가 책을 만들었을 때 부여받을 ISBN을 만들어 봅시다. 발행자 4자리와 책 3자리는 여러분이 원하는 숫자를 넣어 봅시다.

978 - 89 - □□□□ - □□□ - □

2 달력

읽어 보기

7월은 July, 8월은 August, 누구의 이름에서 유래된 것일까요?

"씨는 언제 뿌려야 하지?", "홍수는 주로 언제 발생했었지?" 고대 사람들의 농경사회가 정착하면서 '날짜'라는 개념이 중요시되었고, 날짜를 계산하기 위해 날력이 필요했습니다. 현재의 달력은 지구가 태양을 공전하는 주기를 기준으로 만들어졌습니다. 인류가 사용해 온 달력은 종류가 너무나 많지만, 현재 우리가 쓰고 있는 달력의 기원은 고대 이집트의 달력에서 찾을 수 있습니다. 1년이 365일인 것, 1년을 12달로 나눈 것, 1달이 30일이었다는 점 등이 현재의 달력과 상당히 비슷하기 때문이지요.

고대 이집트의 달력은 **율리우스 카이사르**에 의해 고대 로마로 전해졌어요. 카이사르는 클레오파트라와의 사랑 이야기로도 유명한 로마의 전쟁 영웅입니다. 카이사르가 이집트에 머무르던 시기에 오류가 많던 로마의 달력과 비교되는 이집트의 달력을 알게 됩니다. 로마로 돌아온 카이사르는 달력 개혁을 시작하여 옛 달력의 사용을 금지시키고, 자신의 이름을 붙인 **〈율리우스 달력〉**을 쓰도록 합니다. 그래서 율리우스 달력 사용이 시작되기 바로 전 해인 기원전 46년을 '마지막 혼돈의 해'라고 불렀다고 해요. 율리우스력은 지금과 같은 기준인 1년 365일을 열두 달로 나누고 30일과 31일을 반복적으로 사용하였습니다. 그리고 4년마다 하루를 추가하여 366일로 했지요. 이것이 바로 **'윤년'**입니다.

카이사르
(기원전 100~44)

아우구스투스
(기원전 63~기원후 44)

그리고 현재와는 달리 1년을 시작하는 첫 달은 1월이 아닌 3월이었다고 해요. 3월 1일을 기준으로 365일을 헤아려보면 마지막 달은 하루가 부족해집니다. 그래서 3월 시작을 기준으로 마지막 달인 2월의 마지막 날이 29일(평년)이나 30일(윤년)이 되었다고 해요. 로마 관리들은 카이사르의 노력을 칭찬하는 의미에서 7월의 이름을 '율리우스Julius', 즉 그의 성으로 바꾸었습니다. 바로 **7월을 뜻하는 July의 기원**이랍니다.

카이사르가 암살을 당하고 뒤이어 황제의 자리에 오른 **아우구스투스**는 본인이 태어난 달인 8월(당시에는 30일)도 하루가 더 많기를 바랐다고 합니다. 그래서 당시의 마지막 날인 2월에서 하루를 가져와 8월을 30일에서 31일로 만들고 2월 29일이었던 마지막 날을 하루 빼면서 지금의 2월 28일이 탄생하였다고 해요. 그리고 황제로서 세운 업적을 기리는 의미에서 8월은 그의 이름을 딴 '아우구스투스Augustus'로 바뀌게 됩니다. **8월을 뜻하는 August의 기원**이라는 것을 눈치 챈 친구들도 있겠죠? 아래 표가 최종적으로 정리된 율리우스 달력 날짜입니다.

1월	2월	3월	4월	5월	6월	7월	8월	9월	10월	11월	12월
31	28 (29)	31	30	31	30	31	31	30	31	30	31

카이사르에서 출발하여 아우구스투스에 이르러 완성된 달력을 **〈율리우스력〉**이라고 부르며 로마를 시작으로 유럽 전역으로 전파되어 무려 16세기 말까지 쓰였습니다. 하지만 율리우스력도 완벽하지는 않았지요. 1년을 365.25일로 계산해, 1년을 365일로 하고 4년마다 하루를 더한 달력이었기 때문입니다. 지구가 태양의 주위를 한 바퀴 도는 데 걸리는 시간은 정확히 365.2422일이다 보니, 율리우스력의 365.25일은 실제 1년보다 0.0078일(11분 14초)이 길었죠. 1년의 0.0078일은 아주 작은 수치이지만, 세월이 지나면서 차이가 점점 더 커졌어요. 128년마다 1일의 간격이 생기더니, 16세기엔 10일 이상 차이가 났습니다.

이러한 문제를 해결하기 위해 고민을 거듭한 결과, 1582년 당시의 교황 그레고리우스 13세가 수학자인 클라비우스의 도움을 받아 율리우스력보다 정확한 **〈그레고리력〉**이 탄생하게 된 것입니다. 이것이 바로 오늘날 우리가 사용하는 달력이며 현재 거의 전 세계 모든 나라에서 사용하는 달력의 기준이 되고 있어요.

① 계절과 달력을 일치시키기 위해 열흘을 없앤다. 대신 요일은 그대로 진행한다.
② 윤년의 규칙을 다음과 같이 바꾼다.
율리우스력과 같이 4년마다 윤년을 둔다.
100의 배수가 되는 해에는 윤년이 없다.
400의 배수가 되는 해에는 다시 윤년을 둔다.
③ 부활절 날짜는 3월 22일과 4월 25일 사이의 보름달 후 첫 번째 일요일이다.

그레고리력에서 수정된 내용

생각해 보기

1 달력에서 찾을 수 있는 수의 규칙이나 배열에는 어떤 것이 있을까요? 가능한 많은 규칙을 찾아서 적어 봅시다.

일	월	화	수	목	금	토
	1	2	3	4	5	6
7	8	9	10	11	12	13
14	15	16	17	18	19	20
21	22	23	24	25	26	27
28	29	30	31			

2 파란 사각형 안에 갇힌 수 9개의 합은 얼마일지 구하는 방법을 찾아봅시다.

일	월	화	수	목	금	토
	1	2	3	4	5	6
7	8	9	10	11	12	13
14	15	16	17	18	19	20
21	22	23	24	25	26	27
28	29	30	31			

❶ 하나의 문자 n을 이용하여 나타내는 전략으로 생각해 봅시다. 9개의 칸 중 가운데 숫자를 n이라고 정하면 나머지 빈칸에 들어가는 수는 n을 이용하여 어떻게 나타낼 수 있을까요?

	n-7	
	n	

달력의 3×3 사각형에 있는 숫자 9개의 합을 구하는 식 =

❷ 달력의 다른 3×3 사각형(빨간 사각형)을 이용하여 위에서 생각한 규칙이 맞는지 확인해 봅시다.

3 달력에는 서로 대칭인 위치에 있는 수들이 있습니다. 17을 중심으로 대칭인 위치에 있는 두 수를 찾아보면 아래와 같습니다.

• 대칭 : 기준이 되는 점·선·면을 사이에 두고 같은 거리에서 마주 보고 있는 것

일	월	화	수	목	금	토
	1	2	3	4	5	6
7	8	9	10	11	12	13
14	15	16	17	18	19	20
21	22	23	24	25	26	27
28	29	30	31			

❶ 위 달력에서 17을 중심으로 대칭인 위치에 있는 두 수는 모두 몇 쌍인지 써 보세요.

❷ ❶에서 구한 두 수의 쌍의 합은 얼마인가요?

❸ 두 수들의 합은 중심이 되는 수 17과 어떤 관계가 있나요?

4 다음 그림은 달력의 일부분입니다. 그림처럼 달력에서 4개의 숫자를 직사각형 테두리 안에 모아볼 때, 4개의 숫자의 합이 80이 되도록 직사각형을 그려 보세요.

일	월	화	수	목	금	토
				1	2	3
4	5	6	7	8	9	10
11	12	13	14	15	16	17
18	19	20	21	22	23	24
25	26	27	28	29	30	

5 어느 해의 9월 달력에는 토요일이 5번이 있고 30일은 일요일이 아닙니다. 그 해 9월의 일요일인 날짜의 합을 구해 보세요.

6 윤년이 아닌 어느 해의 1월 1일은 화요일입니다. 이 해 어린이날(5월 5일)은 무슨 요일인가요?

3 수 배열의 합

읽어 보기

수학자 가우스 이야기

수학 문제를 풀다 보면 1+2+3+ … +100을 구하라는 문제나 2+4+6+ … +100을 구하라는 문제들을 가끔 보게 됩니다. 일정한 규칙을 가지고 배열된 수, 즉 **수열의 합을 구하는 문제**들입니다. 가우스가 열 살 때 이 문제를 간단히 풀었다는 얘기를 들어본 친구들도 있을 겁니다. 사실 수학 문제를 풀다 보면 이와 같이 연속된 수들의 합을 구하는 경우가 등장하고, 가우스의 방법은 아주 도움이 많이 되지요. 가우스는 어떤 사람일까요?

가우스 생가에 있는 가우스 동상

가우스는 1777년 독일에서 태어난 19세기의 가장 위대한 수학자이며 아르키메데스, 뉴턴과 함께 3대 수학자로 뽑힙니다. '수학의 황제'라는 별명도 있지요. 가우스는 이미 세 살 때 아버지가 잘못 계산한 것을 발견하고 그것을 지적하여 주위 사람들을 놀라게 한 적이 있어요.

하지만 가우스의 어린 시절 가정환경만을 살펴보아서는 그가 그토록 훌륭한 수학자가 되리라 상상하기는 쉽지 않습니다. 가우스는 아주 가난하고 교육열도 없는 벽돌공의 아들로 태어났습니다. 아버지는 고지식하고 난폭한 사람이었다고 합니다. 그는 가우스가 벽돌공이나 정원사가 되기를 원했지만, 어머니와 삼촌의 격려와 도움으로 공부를 할 수 있었다고 해요.

가우스는 초등학교에 입학하여 그의 재능을 발견한 뷔트너 선생님을 만나게 됩니다. 가우스가 열 살 되던 해, 뷔트너 선생님은 잠깐 쉴 시간을 만들기 위해 시간이 오래 걸릴 어려운 문제를 냈어요. 그것이 바로 **1부터 100까지의 합을 구하는 문제**입니다. 학급의 모든 학생들이 숫자를 하나씩 더하며 문제를 풀고 있는데 가우스는 즉시 답을 제출했습니다. 선생님은 가우스가 빠른 시간 안에 답을 찾아내었다는 사실에 깜짝 놀랐습니다.

가우스는 단순히 빨리 계산을 한 것이 아니라 이것을 간단히 계산하는 방법을 찾아낸 것이었어요. 가우스는 하나씩 커지는 수를 더하는 것이라는 점에 주목하여 **합이 같은 숫자를 둘 씩 짝지어 더해** 답을 구했습니다.

$$1+2+3+\cdots+98+99+100$$
$$=(1+100)+(2+99)+(3+98)+\cdots+(50+51)$$
$$=101\times50$$
$$=5050$$

하지만 이 방법은 더해지는 숫자의 개수가 홀수인 경우에는 곤란할 수 있지요. 같은 수로 더해지는 짝이 없는 경우이니까요. 그러므로 아래와 같은 방법이 더 편할 수도 있답니다.

$$\begin{array}{r} 1+2+3+\cdots+99+100 \\ +\quad 100+99+98\cdots+2+1 \\ \hline 101+101+101+\cdots+101+101 \end{array} \quad =101\times100=10100$$

그러므로 $1+2+3+\cdots+99+100=10100\div2=5050$

→ 식으로 정리해보면 {(**첫 번째 수**)+(**마지막 수**)}×(**수의 개수**)÷2입니다.

이러한 어린 시절의 일화 때문인지 가우스는 "나는 말보다 계산을 먼저 배웠다"는 농담도 했던 것으로 전해집니다. 가우스는 수학에서도 중요한 여러 사실을 발견하고 증명했지만, 소행성 케레스의 궤도를 찾아내고 궤도의 계산도 하는 등 천문학, 전기학 등에도 중요한 공헌을 했습니다. 가우스가 30살이 되었을 때 괴팅겐 대학교의 천문대장이 되었고 이것이 그의 평생 직업이 되었다고 하니 천문학에 대한 가우스의 기여를 짐작해 볼 수 있겠지요? 괴팅겐은 시 전체가 하나의 대학교로 구성된 대형 캠퍼스랍니다. 인구가 12만 명이지만, 40% 이상이 괴팅겐 대학교 학생들이에요. 1734년 설립된 괴팅겐 대학교에서는 현재까지 총 45명의 노벨상 수상자가 나왔답니다. 사람들은 이것을 '**괴팅겐의 기적**'이라고 부르는데, '이 기적의 토대는 가우스이지 않을까?'라는 생각이 드네요.

독일의 '대학 도시' 괴팅겐

생각해 보기

아래의 표는 구구단을 표시해 놓은 곱셈표입니다.

x	1	2	3	4	5	6	7	8	9
1	1	2	3	4	5	6	7	8	9
2	2	4	6	8	10	12	14	16	18
3	3	6	9	12	15	18	21	24	27
4	4	8	12	16	20	24	28	32	36
5	5	10	15	20	25	30	35	40	45
6	6	12	18	24	30	36	42	48	54
7	7	14	21	28	35	42	49	56	63
8	8	16	24	32	40	48	56	64	72
9	9	18	27	36	45	54	63	72	81

1 가로, 세로, 대각선의 수의 배열을 보고, 3씩 차이 나는 수열을 찾아 모두 표시해 보세요.

2 각 수열의 합을 가우스의 방법으로 계산해 보세요.

❶

4	8	12	16	20	24	28	32	36

❷

7	14	21	28	35	42	49	56	63

3 왼쪽 곱셈표에서 파란색으로 표시되어 있는 수들은 어떤 규칙으로 나열되어 있나요? 앞뒤 숫자의 차이를 적어보면 규칙이 나타납니다.

3, 8, 15, 24, 35, 48, 63

4 위 수열에서 63 다음에 올 숫자를 구하려 합니다. 덧셈식에서 규칙을 찾아 △, ○와 □에 들어갈 수를 구하세요.

$3 = 3$
$3 + 5 = 8$
$3 + 5 + 7 = 15$
$3 + 5 + 7 + 9 = 24$
$3 + 5 + 7 + 9 + 11 = 35$
…
3 + 5 + 7 + … + △ = 63
…
3 + 5 + 7 + … + ○ = □

5 왼쪽 곱셈표에서 빨간색으로 표시된 수들이 배열된 규칙을 생각해보고, 54로부터 10번째에 있는 수를 구해보세요.

4, 10, 18, 28, 40, 54, …

◆ 힌트: 4번 문제의 규칙과 가우스의 계산법을 활용해 봅니다.

4 복면산

읽어 보기

숫자가 없는 계산이 가능해요!

'복면가왕'이라는 프로그램을 아시나요? 마스크, 즉 복면을 써서 나이, 신분, 직종을 숨긴 사람들이 목소리만으로 실력을 뽐내는 음악 프로그램이랍니다. 영화에서 종종 자신의 신분을 숨겨야 하는 경우에 수건이나 마스크로 얼굴을 가리고 나타나지요. 이렇게 가리는 것을 복면이라고 하는데 복면을 쓰면 그 사람이 누구인지 알기가 아주 힘들어집니다.

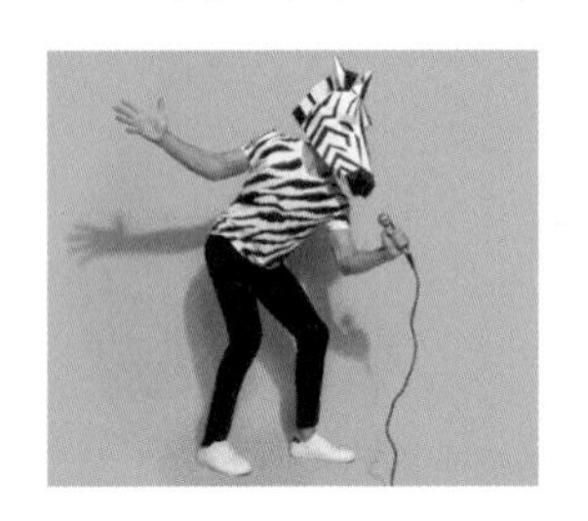

수학에서도 숫자나 연산 기호가 복면으로 숨겨져 있어서 어떻게 계산하고 답을 찾아야 할지 갸우뚱한 경우가 있습니다. 이렇게 숫자나 연산 기호가 자신을 감추기 위해 문자라는 복면을 쓴 연산을 **복면산**이라고 불러요. 복면산은 퍼즐의 왕이라고 불리는 영국의 퍼즐리스트 헨리 듀드니(1857~1936)가 만든 수 퍼즐이랍니다. 아래의 문제는 듀드니가 1924년 스트랜드 매거진 7월호에 발표한 문제로, 복면산에서도 특히 유명한 문제예요. 참고로 이 문제는 원고료가 적다고 생각한 듀드니가 잡지사에 원고료를 올려 달라는 내용을 퍼즐로 만든 것이라고 합니다. Send more money!

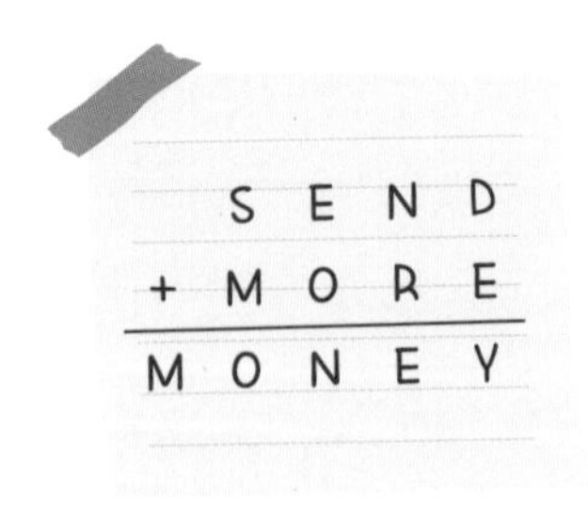

숫자가 하나도 없이 문자로만 이루어진 이 식을 어떻게 풀어야 할까요? 대부분의 복면산 퍼즐은 아래와 같은 규칙이 있습니다.

① 같은 문자는 같은 숫자를 나타낸다.
② 첫 번째 자리 숫자는 0이 아니다.
③ 복면산 문제의 경우 대부분 답은 하나이다.

정답 13쪽

생각해 보기

1 보기를 참고하여 다음 복면산을 풀어 보세요. A, B, C는 1부터 9까지의 숫자 중 하나이며, 서로 다른 숫자입니다.

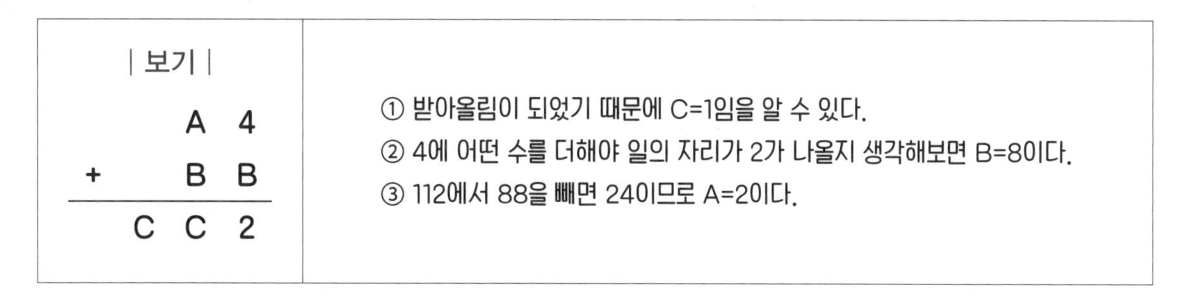

보기	
A 4 + B B C C 2	① 받아올림이 되었기 때문에 C=1임을 알 수 있다. ② 4에 어떤 수를 더해야 일의 자리가 2가 나올지 생각해보면 B=8이다. ③ 112에서 88을 빼면 24이므로 A=2이다.

2 다음은 숫자가 없이 문자로만 이루어진 복면산입니다. A, B, C는 1부터 9까지의 숫자 중 하나이며, 서로 다른 숫자입니다.

❶

A
+ B B
A C C

❷

A B C
+ A C
B D B D

3 다음 곱셈 복면산을 풀어 보세요. A, B는 1부터 9까지의 숫자 중 하나이며, 서로 다른 숫자입니다.

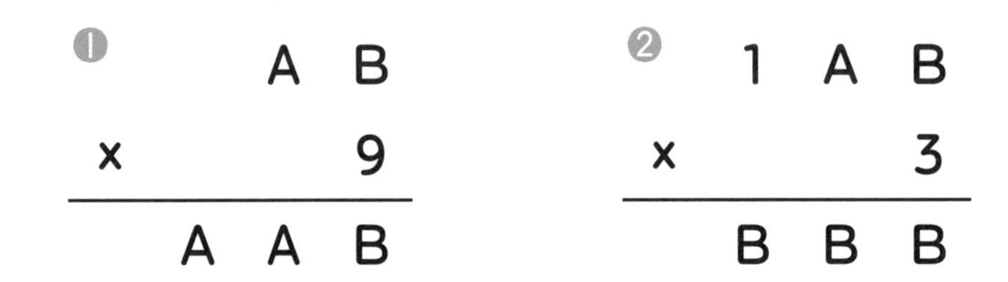

4 다음 a, b, c, d, e, f에 숫자를 넣어 분수의 나눗셈식으로 바꾸어 보세요. a, b, c, d, e, f는 1부터 9까지의 숫자 중 하나이며, 서로 다른 숫자입니다.

$$\frac{a}{b} \div c = \frac{d}{c} \times \frac{e}{c} = \frac{d}{f}$$

5 다음 덧셈식을 숫자로 바꾸어 보세요. 각각의 문자는 1~9 사이의 서로 다른 숫자입니다.

아 이 유
\+ 이 휘 재
유 재 석

6

문장으로도 옳고 복면산으로 푼 경우에도 옳은 연산을 이중으로 성립하는 복면산이라고 합니다. '2-1=1', '5-4=1'이라는 식을 각각 영어로 나타내면 아래와 같습니다. 각 문자들이 0부터 9까지의 숫자 중 하나씩을 나타낸다면, 각 문자가 나타내는 숫자를 찾으세요.

❶

```
   T W O
 - O N E
 -------
   O N E
```

❷

```
   F I V E
 - F O U R
 ---------
     O N E
```

7

헨리 듀드니의 복면산 문제를 풀어 봅시다.

도전! 난이도 ★★★★★

주의! 시간이 오래 걸릴 거예요!

5 프래드만 퍼즐

읽어 보기

에리히 프래드만은 미국 스테트슨 대학 수학과 교수이자 유명한 퍼즐리스트입니다. 그가 만든 수많은 퍼즐들은 두뇌 게임, 세계퍼즐선수권대회, 게임 등에 이용되며, 교과서에도 나올 만큼 유명하답니다.

프래드만은 여러 종류의 퍼즐을 소개하는 사이트인 〈Erich's Puzzle Palace〉를 만들어 여러 사람들이 다양한 퍼즐을 쉽게 접할 수 있도록 했어요. 이 퍼즐 사이트에 들어가면 사이트 이름인 〈Erich's Puzzle Palace〉가 아래와 같은 퍼즐로 나타납니다.

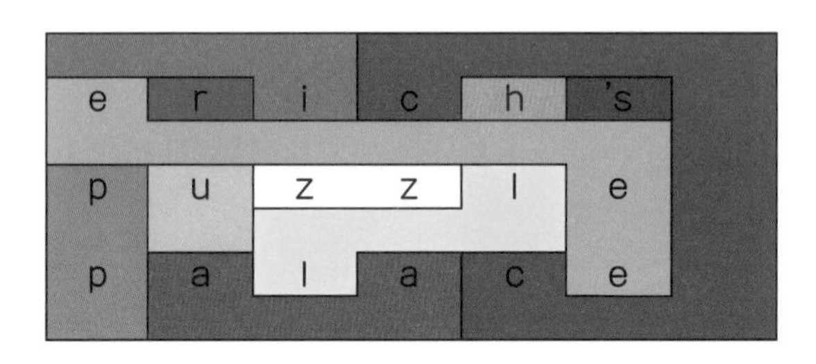

Erich's Puzzle Palace

그의 퍼즐 중 숫자 직소 퍼즐은 숫자의 연산뿐만 아니라 도형의 이동(돌리기, 뒤집기 등)을 함께 고려해야 하는 복합적인 퍼즐이랍니다. 아래의 디지털 숫자들을 반 바퀴, 즉 180° 돌렸을 때 어떤 숫자가 나올지 생각하여 적어본 후 숫자 직소 퍼즐을 풀어 봅시다.

0		5	
1		6	
2		7	
3		8	
4		9	

디지털 숫자 중 180° 돌렸을 때에도 숫자가 되는 것은 무엇인가요?

정답 15쪽

생각해 보기

1 어떤 수를 180° 돌렸을 때 나온 숫자가 주어진 조건에 맞게 디지털 숫자를 적어 봅시다.

두 수의 차가 0인 한 자리 수	5	5

① 두 수의 차가 3인 한 자리 수		

② 두 수의 차가 9인 두 자리 수		

③ 두 수의 차가 27인 두 자리 수		

④ 두 수의 차가 33인 두 자리 수		

2 프래드만 숫자 직소 퍼즐을 살펴봅시다. 각각의 세로줄은 네 개의 숫자 또는 연산 기호로 이루어져 있습니다. 이 세로줄을 180° 회전시키고 배열을 바꾸어 보면 옳은 수식이 탄생합니다. 앞서 적어보았던 180° 회전을 시켰을 때 나왔던 숫자들을 생각해 보며 퍼즐을 맞추어 봅시다.

(부록 : 프래드만 직소 퍼즐)

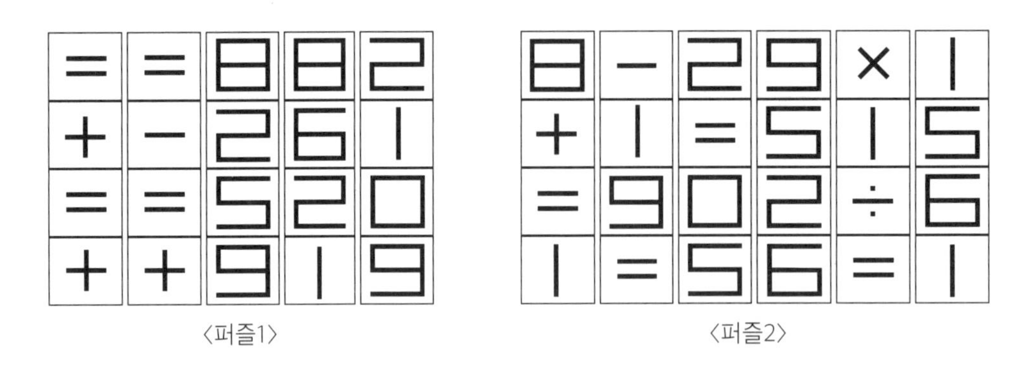

〈퍼즐1〉 〈퍼즐2〉

❶ 〈퍼즐1〉 5조각을 맞추어 가로로 아래의 등식을 완성시켜 붙여 봅시다.

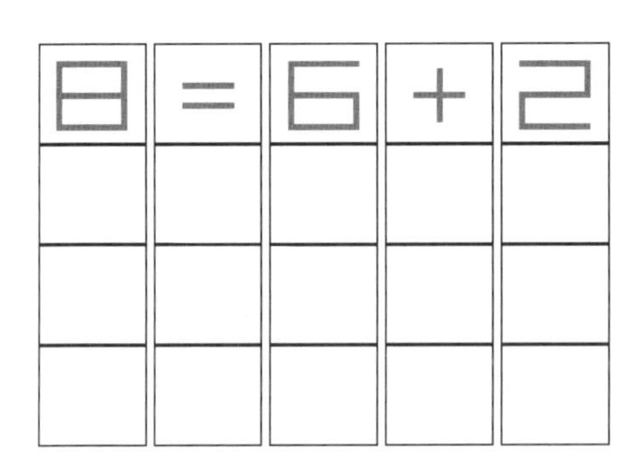

❷ 〈퍼즐2〉 6조각을 맞추어 가로로 아래의 등식을 완성시켜 붙여 봅시다.

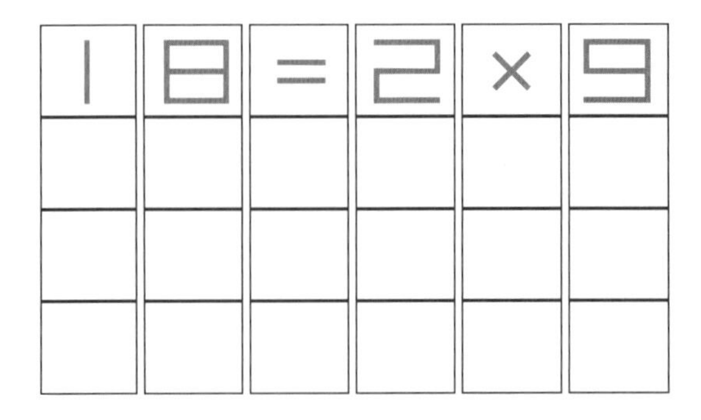

정답 15쪽

3 아래 퍼즐은 프래드만의 화살표 퍼즐입니다. 규칙을 파악하고 다음 퍼즐을 풀어보세요.

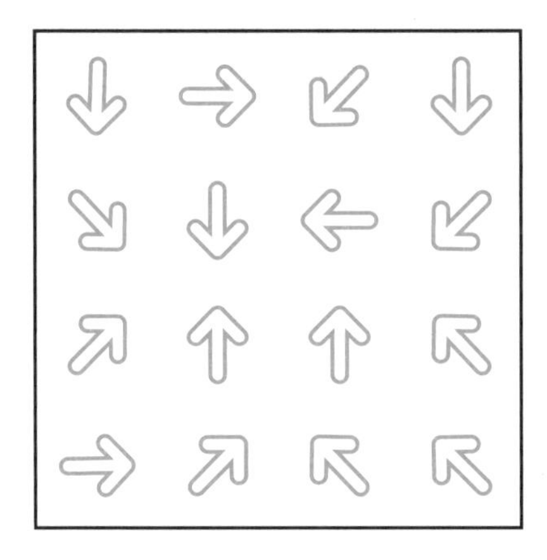

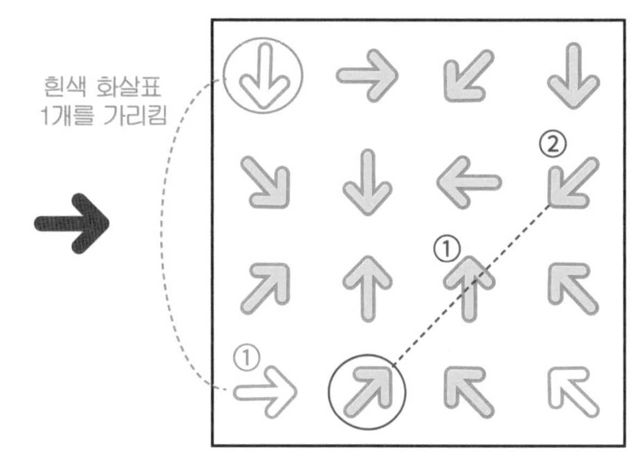

| 규칙 |
흰색 화살표는 1개의 흰색 화살표를,
색칠된 화살표는 2개의 색칠된 화살표를 가리킬 수 있도록 화살표를 색칠하기

❶

❷

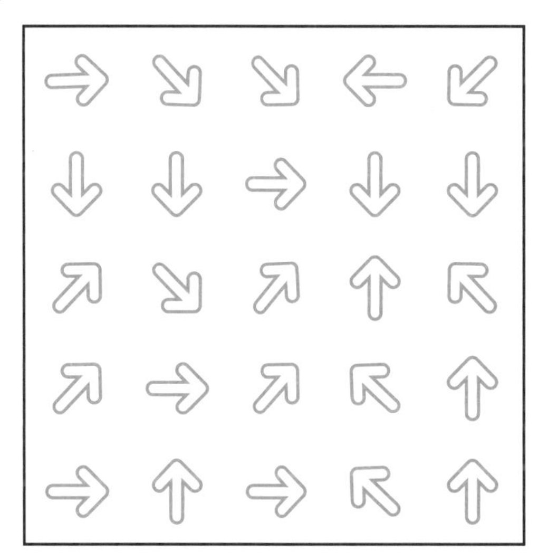

6 스키테일 암호

읽어 보기

암호는 고대 이집트에서 처음 시작된 것으로 알려져 있어요. 4천여 년 전, 이집트인들은 왕의 무덤 앞에 놓는 석판에 상형문자로 왕의 일생을 기록했어요. 이때 글 속에 왕의 권위와 위엄을 담기 위해 내용을 상형문자를 은유적으로 바꾸어 사용했는데, 이것이 암호의 시작입니다. 암호는 단어나 문장을 바꾸는 것뿐만 아니라 의미나 내용을 숨기는 모든 방법도 포함합니다.

현대 사회에서 암호는 여러 분야에서 쓰이고 있지만, 처음의 암호는 주로 군사적인 목적으로 사용되었습니다. 약 2,500년 전, 당시 도시 국가였던 그리스는 장군에게 어떤 임무를 주어 다른 지역으로 보낼 때, 길이와 굵기가 같은 원통형 나무봉 2개를 만들어 하나는 본부에, 다른 하나는 떠나는 장군에게 주었습니다. 그리고 메시지를 전할 일이 생길 때 가늘고 길쭉한 양피지를 나무봉에 감은 다음 그 위에 메시지를 썼어요. 그 양피지를 풀면, 의미를 알 수 없는 글자들만 쓰여있게 되는 것이지요. **같은 굵기의 나무봉에 다시 감으면 원래 메시지가 나타나는 원리**였습니다. 이 나무봉을 **'스키테일'**이라고 하고, 이 나무봉을 사용하여 만든 암호를 **'스키테일 암호'**라고 합니다. 문자는 그대로 사용하고 위치만 바꾸어 메시지를 암호문으로 만드는 방법을 '전치 암호'라고 하는데 가장 대표적인 예가 바로 스키테일 암호인 것입니다.

스키테일이 없어도 스키테일 암호를 해독할 수 있어요. 스키테일 암호는 원래의 메시지에서 □개씩 건너뛰는 문자들로 다시 배열한 것이므로, 건너뛴 개수 □에 여러 가지 수를 넣어서 문자를 다시 배열하면 원래의 메시지를 알 수 있습니다. □=4인 경우 한 바퀴에 4개의 문자를 배치하여 암호문을 쓴 것이지요. 왼쪽의 암호문을 4씩 건너뛰며 써보면 아래와 같은 메시지가 나온답니다. '내가 제일 보고 싶은 사람은 너'라는 메시지였네요!

내일싶람가보은은제고사너

내	가	제
일	보	고
싶	은	사
람	은	너

• 스키테일 암호

영상을 통해 고대부터 쓰여 온 암호화 기술에 대해 알아봅시다.

→ 주소 https://www.youtube.com/watch?v=JjAfSvijgjw

스캔해 보세요!

정답 16쪽

생각해 보기

1 고대 아테네와 스파르타가 한창 지중해의 패권을 놓고 싸움을 벌이고 있습니다. 스파르타군을 지휘하고 있던 장군은 급히 본진에 스키테일 암호문을 보냅니다. 아래의 표를 이용하여 암호문을 풀어 보세요.

남군보쪽대내으를시로더오

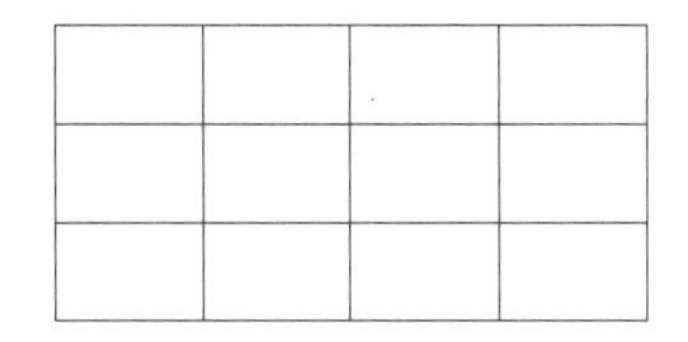

2 다음 스키테일 암호문을 해독해 봅시다.

낮새고은듣말가밤쥐는은듣말가다

3 암호를 배열하는 순서에 대한 힌트가 추가되면 암호를 풀기가 더 어려워집니다. 아래 스키테일 암호는 '하루종일'이라는 열쇠 암호가 추가되어 있습니다. '하루종일'은 어떤 규칙을 적용하여 배열할 수 있는지 생각해 보고, 열쇠 암호를 이용하여 아래 암호를 풀어 보세요.

식오급늘게에파스대티온나

◆ 힌트: '하루종일'의 각 글자의 가나다순을 생각해 보세요.

내 몸이 암호가 된다? 생체 인식!

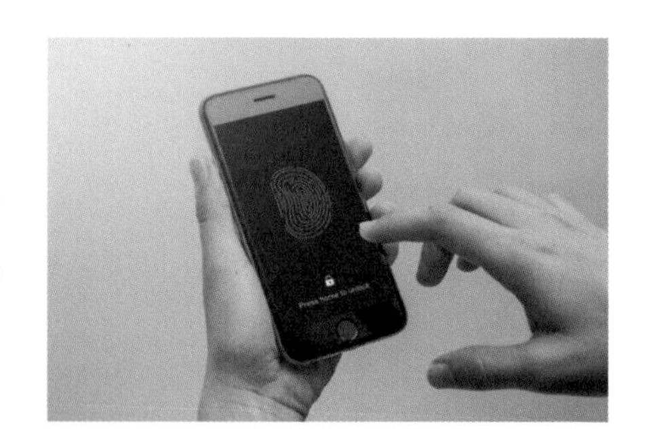

스마트폰은 이제 일상생활에서 떼려야 뗄 수 없는 존재가 되어 가고 있습니다. 어린 학생들은 아직 스마트폰을 사용하지 않지만, 성인들 대부분은 스마트폰을 이용하여 일상의 많은 일들을 처리한답니다. SNS를 이용하며 메신저로 대화를 하고, 사진을 찍고, 온라인 쇼핑도 하는 것은 물론 은행 업무까지 하고 있어요. 이렇다 보니 스마트폰에는 다양한 개인 정보와 금융 정보가 저장되게 되어요.

따라서 스마트폰을 만드는 업체들은 사용하는 사람들의 개인 정보를 안전하게 지키면서도, 더욱 편리하게 사용할 수 있도록 비밀번호나 패턴 입력이 아닌 새로운 방법을 찾게 되었어요. 바로 지문 인식을 통해 잠금을 해제하는 방법입니다. 지문 인식은 현재 가장 널리 쓰이는 생체 인식 방법 중 하나랍니다.

현재 각종 웹사이트나 금융 거래 등에서 가장 흔하게 사용되는 암호 체계는 바로 비밀번호입니다. 비밀번호는 주로 숫자나 영문자, 특수 문자 등을 혼합하여 사용하고 있는데, 쉽게 설정하고 변경할 수 있는 장점을 가졌지만 단점 역시 존재합니다.

비밀번호 같이 문자를 이용하는 암호 체계는 문자의 길이가 길수록 보안이 강해져요. 문자의 길이가 짧거나 숫자, 영문자, 특수 문자 중 한 가지만 사용한다면 다른 사람이 쉽게 암호를 풀 수 있게 됩니다. 그래서 여러 웹사이트에서는 비밀번호의 최소 길이를 정해 놓고, 여러 문자들을 혼합해서 비밀번호를 설정하게 해 놓았어요. 문제는 웹사이트마다 기준이 다르다 보니 가입하는 웹사이트마다 길고 다른 비밀번호를 외우기가 어려워졌다는 것입니다.

그리고 이에 따른 대안으로 떠오른 것이 바로 '생체 인식'입니다. 생체 인식이란 사람들마다 다른 지문, 홍채, 혈관, 음성 등의 생체 정보를 이용하여 암호화한 방식입니다. 다른 사람이 몰래 사용하거나 잃어버릴 걱정이 없다는 장점들이 있어요. 생체 인식의 여러 종류를 알아볼까요?

• 다양한 생체 인식 방법

영상을 통해 다양한 생체 인식 기술에 대해 알아봅시다.

→ 주소 https://www.youtube.com/watch?v=YKgjambH8Mo

스캔해 보세요!

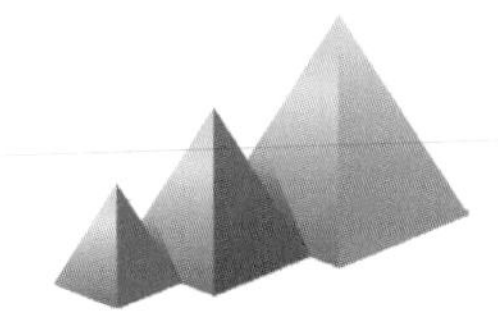

① 지문 인식

지문은 손가락 끝에 있는 땀샘이 솟은 모양에 따라 생긴 곡선 무늬로, 사람마다 다른 모양을 가지고 있어요. 지문에서 선이 끊기는 곳, 방향이 달라지는 부분 등의 특징이 정보로 저장되게 됩니다. 지문은 손에 위치하기 때문에 인증을 할 때 쉬운 장점이 있어요. 그리고 지문을 인식할 때 카메라나 스캐너를 이용하므로 신속하고 정확한 편입니다. 하지만 지문에 이물질이 묻거나 지문이 닳은 경우에는 지문을 잘 인식하지 못한다는 단점도 있어요.

② 음성 인식

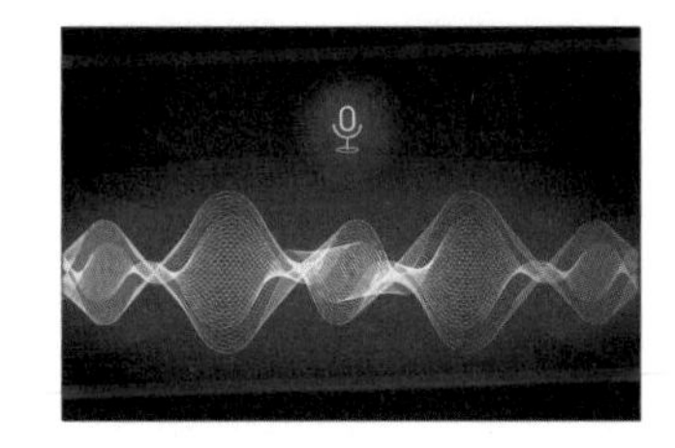

음성 인식은 소리의 3요소인 진폭, 진동수, 소리맵시 3가지를 이용하여 인식하는 방법입니다. 음성을 이용한 인식은 가장 쉽게 이용할 수 있는 인식 방법 중 하나예요. 지문 인식처럼 손의 이물질을 제거해야 할 필요도 없고, 인식하는 데 시간도 오래 걸리지 않기 때문입니다. 하지만 주변 소음이나 마이크의 성능으로 인해 정확한 입력이 이루어지지 않을 경우에는 음성 인식이 정확히 되기 힘들다는 단점도 있어요.

③ 홍채 인식

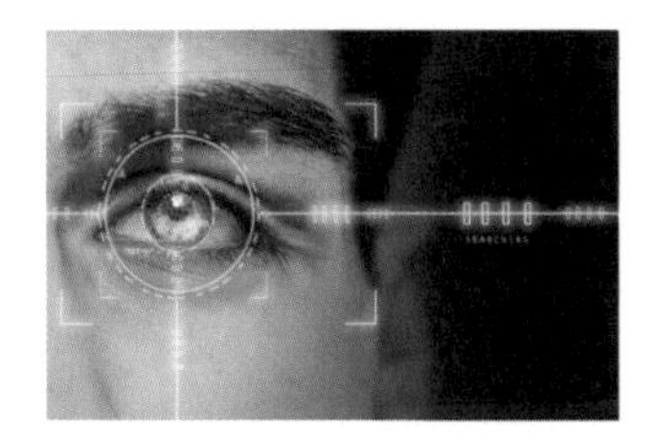

홍채는 눈의 동공과 흰 부위 사이에 있는 영역으로 동공이 열리고 닫히는 것을 조절하는 근육이에요. 홍채는 주로 외부로부터 눈에 들어오는 빛의 양을 조절하는 역할을 합니다. 홍채 인식도 지문과 비슷하게 홍채의 특징을 저장하고, 인식할 때에는 카메라를 이용합니다.

이외에도 손가락 길이 비율, 정맥 모양, 걸음걸이 등이 생체 인식으로 연구되고 있습니다. 생체 인식은 위조나 변조가 어려운 만큼 높은 보안성을 갖추고 있어요. 하지만 위조나 변조가 어렵다는 장점은 단점이 될 수도 있습니다. 생체 인식은 변조가 불가능하므로 만약 어떤 사람의 생체정보가 유출된 경우에는 더 이상 그 정보를 이용할 수 없기 때문이에요.

4 자료와 가능성

1 리그와 토너먼트

2 자물쇠와 경우의 수

3 일기예보 해석하기

4 우리나라 인구 구성의 변화

수학 산책 머피의 법칙과 샐리의 법칙

1 리그와 토너먼트

읽어 보기

리그와 토너먼트가 모두 적용되는 FIFA 월드컵!

2022년 겨울, 전 세계 축구팬들의 축제인 FIFA 월드컵이 카타르에서 열렸습니다. 우리나라는 카타르 월드컵을 통해 10회 연속 월드컵 본선 진출을 해낸 역대 6번째 국가, 통산 3번째 16강 진출이라는 기록을 썼답니다.

월드컵에는 리그와 토너먼트라는 경기 방식 2가지가 적용됩니다. **리그**league는 연맹이라는 뜻을 가지고 있어요. 이 연맹에 속한 모든 팀들이 돌아가면서 똑같은 횟수를 겨루게 되며 가장 많은 승리를 얻은 팀이나 점수가 가장 높은 팀이 우승하는 방식입니다. 모든 팀이 서로 한 번씩 경기를 하기 때문에 시간이 많이 걸린다는 단점이 있어요

토너먼트tournament는 원래 중세 프랑스 기사들 사이에 유행하던 '투르누아'라는 말에서 유래되었다고 합니다. '투르누아'는 말을 타고 하는 창 시합인데, 갑옷을 입고 말을 탄 채 반대편에서 돌진해 와서 창으로 상대방을 말에서 떨어뜨리면 이기는 경기입니다. 한 번 지면 짐을 싸서 집으로 가야 했지요. 이 말이 점차로 한 번 지면 탈락하는 경기 방식을 의미하는 단어가 되었다고 해요. 토너먼트는 한 번 경기에 지면 패자부활전이 없는 이상 다시는 그 경기에 참여할 수 없기 때문에 빠른 시간에 승부를 낼 수 있습니다.

월드컵은 우선 세계 각 6개 대륙에서 210개 팀이 지역 예선을 리그전으로 치릅니다. 그렇게 최종 예선까지 올라간 32개 팀이 본선에 참가하게 되지요.

그리고 월드컵 본선에 진출한 32개국이 A부터 H까지의 8개 조로 나뉘어 조별 리그전을 치르게 되는데, 각 조의 1, 2위가 16강에 오르게 됩니다. 16강부터는 토너먼트 방식으로 경기를 치르기 때문에, 이때부터는 이긴 팀만 8강, 4강(준결승), 결승에 진출할 수 있어요. 준결승전에서 진 두 팀은 3, 4위전을 하게 됩니다. 우리나라의 역대 최고 성적은 2002년 한일 월드컵에서 4위를 한 것이랍니다.

정답 16쪽

생각해 보기

1 아래는 2022 카타르 월드컵 본선 32강에 진출한 나라들입니다. 32강은 본선에 진출한 8개조 32개국이 리그전으로 경기를 하고, 각 조의 1, 2위가 16강에 오르게 됩니다. 우리나라는 우루과이, 가나, 포르투갈과 함께 H조에 속해 있습니다.

• 수형도 : 사건이 일어날 수 있는 모든 경우를 나뭇가지 그림으로 그려서 나타낸 것

| 예시 |

○ / ○ × / ○ × ○ ×

× / ○ × / ○ × ○ ×

❶ H조에 속한 네 개의 나라를 각각 A, B, C, D라고 했을 때, 4팀이 리그전을 할 때 치러야 하는 경기 수를 수형도로 구해 보세요.

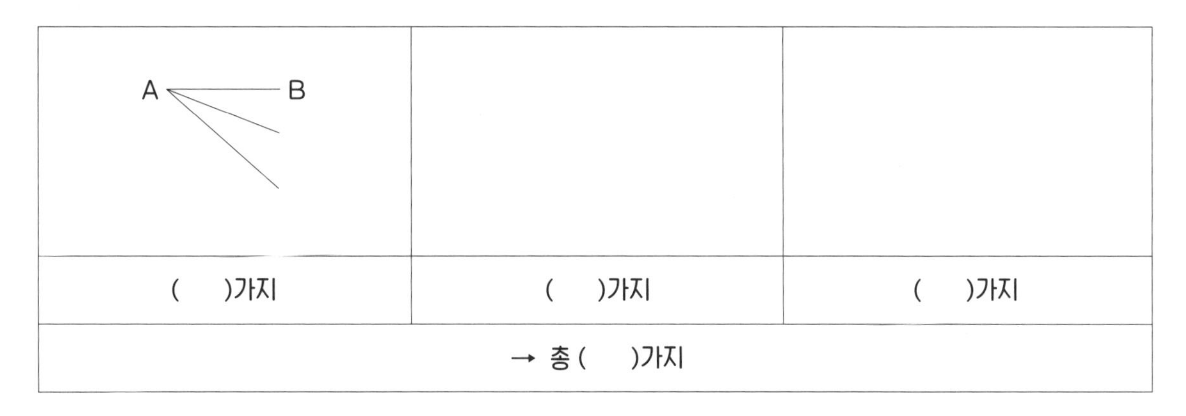

A — B		
(　　)가지	(　　)가지	(　　)가지
→ 총 (　　)가지		

❷ 만약 4팀이 아닌 A~H의 8개팀이 리그전을 한다면 모두 몇 경기를 해야 하는지 수형도를 그려 구해 보세요.

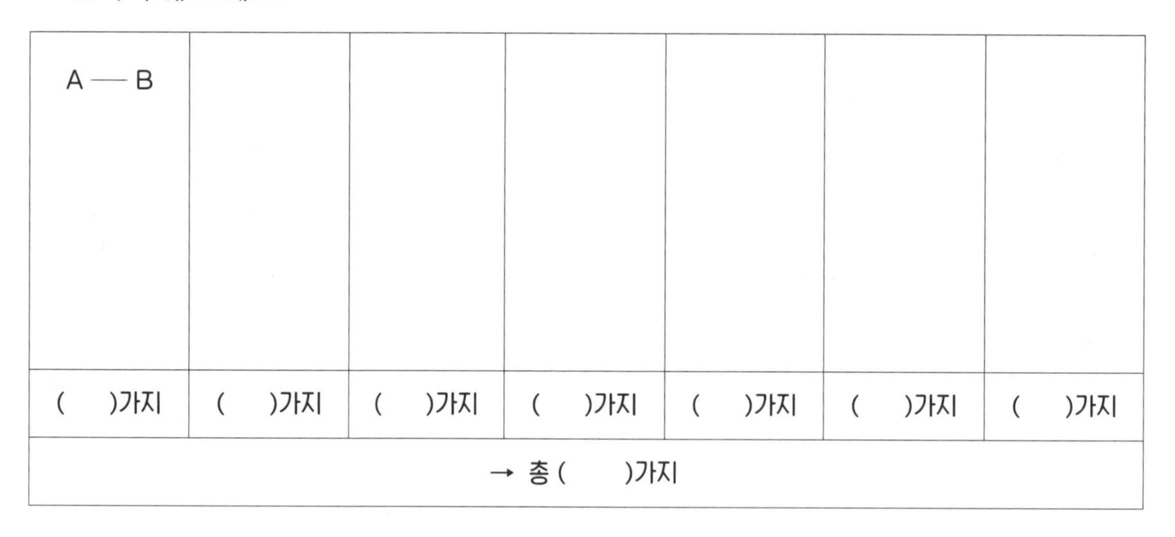

A — B						
(　　)가지	(　　)가지	(　　)가지	(　　)가지	(　　)가지	(　　)가지	(　　)가지
→ 총 (　　)가지						

❸ 위 수형도를 보고, n개의 팀이 리그전을 하는 총 경기 수는 어떻게 구할 수 있을지 생각해 봅시다.

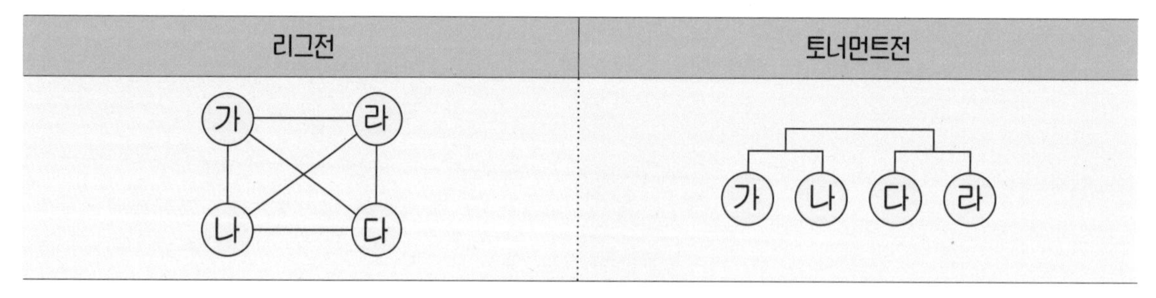

4팀이 경기할 경우

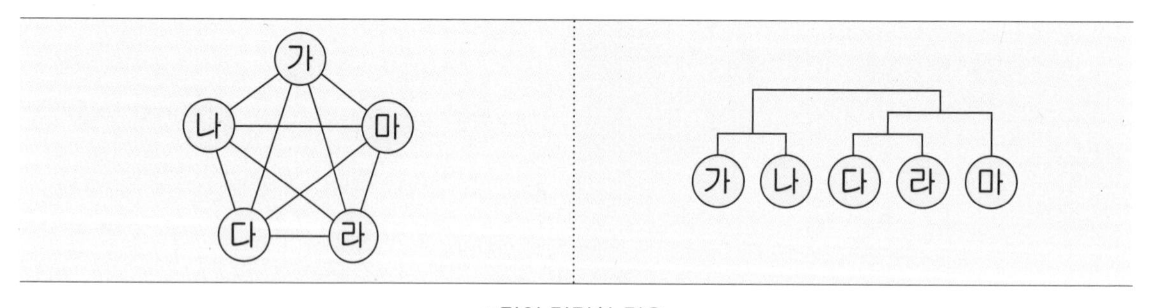

5팀이 경기할 경우

2 월드컵 16강부터는 16강에 진출한 16개 국가들이 토너먼트로 경기를 진행하게 됩니다.(16강부터는 무승부일 경우, 승부차기를 통해 무조건 승패를 가립니다.) 아래 질문에 답해 보세요.

❶ 2022 카타르 월드컵 4강에 진출한 아르헨티나, 크로아티아, 프랑스, 모로코 4개 국가는 4강부터 결승까지 아래와 같이 총 3회의 경기를 했습니다. 그렇다면 8강에 진출한 8개 국가는 결승까지 총 몇 회의 경기를 했는지 아래와 같은 과정으로 구해 보세요.

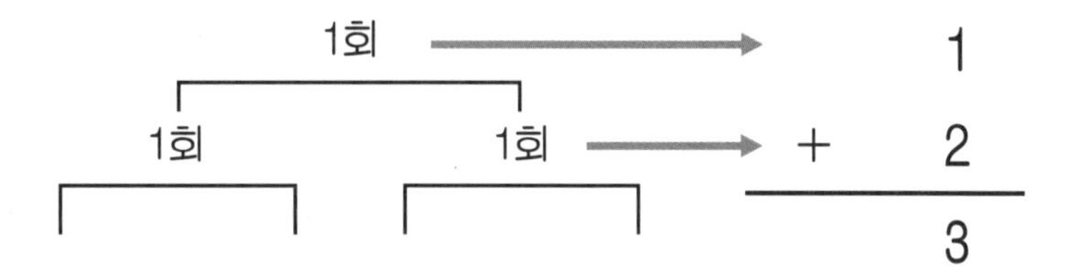

❷ n개의 팀이 토너먼트전을 하는 총 경기 수는 어떻게 구할 수 있을까요?

3 98쪽에 나온 글의 내용 중 마지막 부분은 월드컵 경기가 어떻게 진행되는지 설명한 부분입니다. 다음을 읽고 문제에 답해 봅시다.

그리고 월드컵 본선에 진출한 32개국이 A부터 H까지의 8개 조로 나뉘어 조별 리그전을 치르게 되는데, 각 조의 1, 2위가 16강에 오르게 됩니다. 16강부터는 토너먼트 방식으로 경기를 치르기 때문에, 이때부터는 이긴 팀만 8강, 4강(준결승), 결승에 진출할 수 있어요. 준결승전에서 진 두 팀은 3, 4 위전을 하게 됩니다. 우리나라의 역대 최고 성적은 2002년 한일 월드컵에서 4위를 한 것이랍니다.

① 월드컵 본선에서는 총 몇 경기가 열리게 되나요?

② 2002 한일 월드컵에서 우리나라가 월드컵 본선 진출 이후 치른 경기는 총 몇 번인가요?

정답 16쪽

4 민준, 우람, 주원, 승재, 민우, 지호 이렇게 총 6명의 학생이 다음과 같이 토너먼트 방식으로 팔씨름을 했습니다. 빈칸에 알맞은 이름을 써넣으세요.

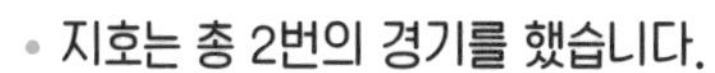

- 지호는 총 2번의 경기를 했습니다.
- 주원이도 총 2번의 경기를 했습니다.
- 지호는 민준이와 경기를 하지 않았습니다.
- 주원이는 민우를 이겼습니다.

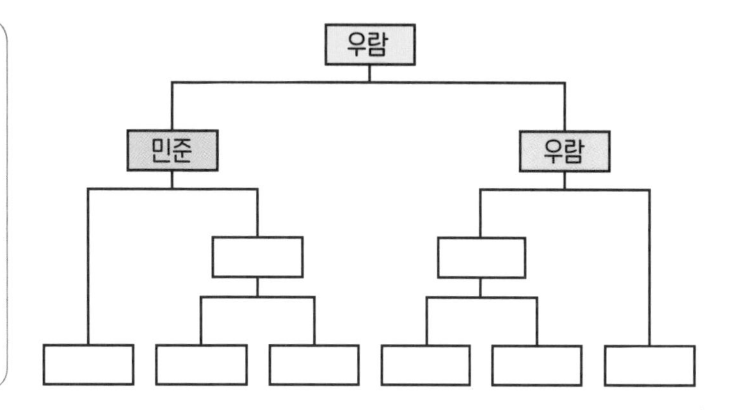

5 1반, 2반, 3반, 4반이 리그 방식으로 피구 경기를 했습니다. 문제에 답해 보세요.

1반	2승 1패	2반	1승 1무 1패
3반	2승 1무	4반	?

❶ 4반은 몇 승 몇 무 몇 패인가요?

❷ 2반은 몇 반을 이겼고, 몇 반과 비겼고, 몇 반에게 졌나요?

이긴 반 : 비긴 반 : 진 반 :

2 자물쇠와 경우의 수

읽어 보기

잠금장치의 종류는 다양합니다. 요즘은 비밀번호를 누르거나 카드키를 대면 열리는 잠금장치가 널리 이용되고 있어요. 홍채와 지문을 이용하는 생체 인식 잠금장치도 있습니다. 하지만 여전히 집, 자동차, 서랍 등에는 열쇠를 꽂는 구멍은 많고 그 안에는 자물쇠가 들어 있지요. 이렇게 시간에 따라 자물쇠의 형태는 변해도 변하지 않는 사실은 모든 자물쇠는 그것에 맞는 열쇠가 반드시 있다는 것이랍니다. 모양이 비슷한 열쇠들도 자물쇠와 짝이 아니라면 아무리 모양이 비슷해도 자물쇠를 열 수 없어요.

최근에는 열쇠의 분실 위험과 여러 가지 편의성 등을 고려하여 번호를 누르면 자물통이 열리는 번호 열쇠도 많이 사용하고 있어요. 번호 열쇠는 1부터 8까지의 숫자 중 4자리를 누르는 방식의 열쇠가 주로 사용되는데, 이 또한 같은 모양의 열쇠이지만 수십 가지의 열쇠 제작이 가능하다는 장점이 있답니다.

자세히 보면 열쇠의 **요철**(볼록하고 오목한 것)은 모두 다른데, 이 요철에 열쇠의 원리가 숨어 있답니다. 사람들이 그동안 많이 사용해왔던 전통적인 모양의 열쇠는 자물통 속에 들어가 자물쇠를 여는 부분이 셋 또는 네 부분으로 이루어져 있어요. **각 부분의 높낮이를 다르게 만들고, 이에 맞는 자물쇠를 만들어 같은 높낮이의 열쇠와 자물쇠가 서로 맞물렸을 경우에만 자물통이 돌아가 열리게 되는 원리랍**니다. 높낮이를 다르게 하여 얼마나 많은 열쇠를 만들 수 있는 것일까요?

정답 18쪽

생각해 보기

1 아래 열쇠 모형에서 A, B, C의 점선 부분을 그대로 두거나, 일부 또는 전체를 잘라서 열쇠를 만들고자 합니다.

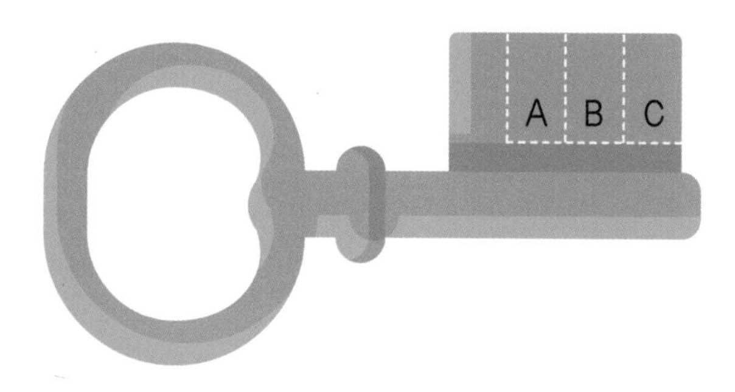

❶ 만들 수 있는 열쇠 종류는 모두 몇 가지인가요? 풀이 과정도 적어 보세요.

❷ ❶번에서 사용한 방법 이외의 방법으로도 풀어 보세요.

2 보안성을 높이기 위한 방법으로 열쇠의 경우의 수를 8보다 더 늘리려면 어떻게 해야 하나요?

3 D를 추가로 만들어서 A, B, C, D 총 4개의 요철로 열쇠를 만들려 합니다. 몇 가지의 열쇠를 만들 수 있는지 2가지 이상의 방법으로 구해 봅시다.

- 수형도 : 사건이 일어날 수 있는 모든 경우를 나뭇가지 그림으로 그려서 나타낸 것

| 예시 |

```
      O              X
    O   X          O   X
   O X O X        O X O X
```

- 순서쌍 : 순서를 정하여 짝지어 나타낸 쌍

| 예시 | 두 대상 a, b의 순서를 생각하여 만든 쌍 (a, b)

합의 법칙 두 사건 A, B가 동시에 일어나지 않는 경우	**곱의 법칙** 사건 A, B가 동시에 일어나는 경우
사건 A 또는 사건 B가 일어나는 경우의 수 = 사건 A가 일어나는 경우의 수 + 사건 B가 일어나는 경우의 수	사건 A와 B가 동시에 일어나는 경우의 수 = 사건 A가 일어나는 경우의 수 × 사건 B가 일어나는 경우의 수

4 만약 열쇠의 깎는 부분이 A, B, C, D, E이고, 각 부분을 깎는 높낮이가 모두 아래 열쇠 사진처럼 4단계일 경우, 이 열쇠에 존재하는 경우의 수는 모두 몇 가지인지 구해 봅시다.

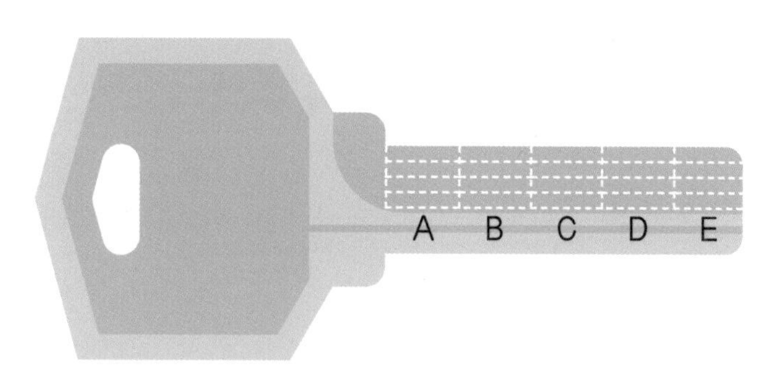

5 아래 그림과 같이 열쇠에 번호를 붙이는 것을 '코드화'한다고 하고, 코드화해서 붙은 번호들을 그 열쇠의 '코드'라고 합니다. 열쇠의 세 부분에 A, B, C의 번호를 붙여 코드화하였습니다. 이 세 부분을 이용하여 열쇠를 만든다면 서로 다른 열쇠 코드를 모두 몇 개나 만들 수 있나요? (A, B, C의 순서를 변경해서 여러 코드를 만듭니다.)

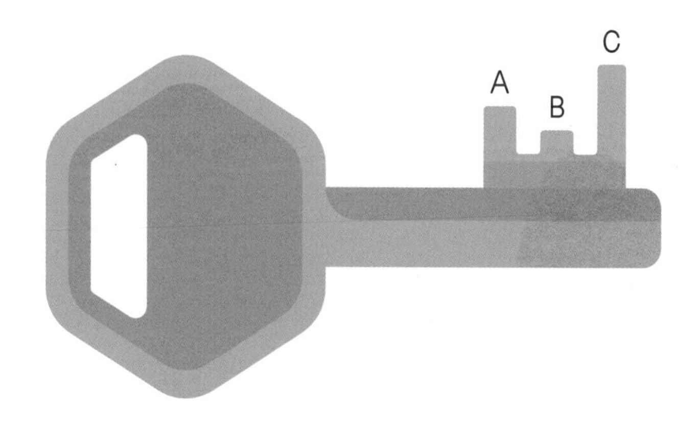

3 일기예보 해석하기

읽어 보기

일기예보 속 수학

뉴스가 끝나면 항상 그 다음 순서로 나오는 일기예보. 일기예보에서는 오늘, 내일, 길게는 일주일 뒤까지의 날씨를 알려 준답니다. 어떤 사람들은 일기예보가 잘 맞지 않는다며 기상청을 질타하기도 하지만, 알고 보면 일기예보는 결코 맞추기 쉽지 않을뿐더러, 그 안에 엄청나게 복잡한 수학적 계산이 깔려 있답니다.

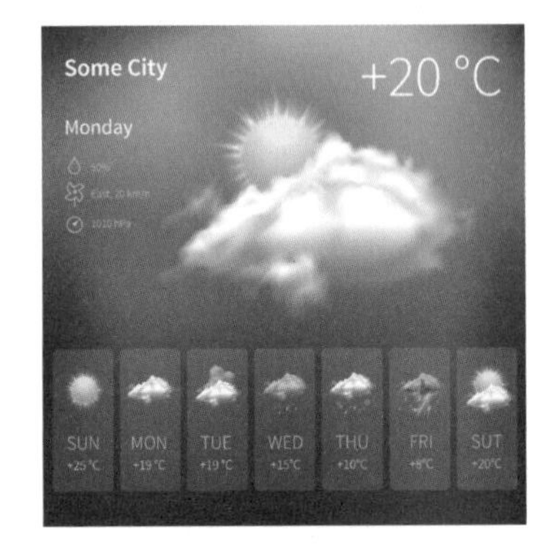

날씨는 다양한 요소 간의 관계를 수학적으로 계산하여 예측하는데, 우선 날씨에 가장 크게 영향을 미치는 것은 바람이에요. 습도와 기압 역시도 일기예보에 매우 중요한 요소랍니다. 기본적으로 편서풍의 영향을 받는 우리나라는 지구의 자전 속도와 바람의 방향, 풍속 등에 큰 영향을 받습니다. 이 모든 과정이 수식으로 진행되는데, 인공위성과 슈퍼컴퓨터 덕분에 실시간 날씨 예측도 가능하게 되었답니다. 날씨를 예측하는 식은 아주 복잡하고 시간도 오래 걸리기 때문에 가장 성능이 좋은 슈퍼컴퓨터가 일기예보에 사용된다고 해요.

슈퍼컴퓨터의 날씨 예측은 전 세계의 날씨 관측 자료를 수집, 분석하고 이를 바탕으로 수학적 계산을 거쳐야 하기 때문에 오전부터 바쁘게 진행된다고 해요. 저녁 뉴스에서 나오는 일기예보는 그 날 오전 일찍부터 계산 과정을 거친 결과물이랍니다. 그런데 날씨는 여러 요인에 따라 수시로 변하기 때문에 일기예보도 당연히 틀린 가능성이 있는 것이지요. 이런 점을 보완하기 위해 기상청에서는 하루 100회 이상 일기예보 프로그램을 가동한다고 하네요.

비 올 확률은 어떻게 구할까요? 기상청에서는 그동안 오늘과 같은 기상환경(구름의 양, 바람, 습도, 기압골 등)속에서 비가 왔던 날들을 통계 내었을 때 오늘과 같은 날이 100일이었다면 그 중에서 비가 온 날의 수를 백분율로 나타낸 것이 '비 올 확률'입니다. 즉, 비슷한 상황에서 100일 간의 통계 결과인 것이랍니다.

정확한 날씨를 예측하는 슈퍼컴퓨터

정답 19쪽

생각해 보기

1 한 사장님이 2월부터 새로 식당을 열고, 2월 한 달 동안 매일의 날씨와 그 날의 손님 수를 조사하여 표로 나타내었습니다.

날짜	요일	날씨	손님 수	날짜	요일	날씨	손님 수	날짜	요일	날씨	손님 수
1일	일	☂	7	11일	수	☀	25	21일	토	☂	15
2일	월	☂	12	12일	목	☂	16	22일	일	☀	20
3일	화	☀	18	13일	금	☀	28	23일	월	☀	24
4일	수	☀	16	14일	토	☀	22	24일	화	☂	16
5일	목	☀	22	15일	일	☂	15	25일	수	☀	25
6일	금	☂	18	16일	월	☀	22	26일	목	☂	24
7일	토	☀	12	17일	화	☂	17	27일	금	☀	35
8일	일	☀	11	18일	수	☂	18	28일	토	☀	20
9일	월	☂	15	19일	목	☀	27				
10일	화	☀	20	20일	금	☀	32				

❶ 식당 사장님이 일주일 중 하루 쉬는 날을 만들려 합니다. 어떤 요일을 쉬는 날로 정하는 것이 좋을까요? 왜 그렇게 생각하나요?

❷ 사장님이 일주일 중 음식 재료를 가장 넉넉하게 준비해야 하는 요일은 언제인가요?

❸ 날씨와 식당에 오는 손님의 수 사이의 관계를 알아보려 합니다. 이를 위해 내가 선택한 방법과 그 방법을 통해 알게 된 날씨와 손님 수 사이의 관계를 설명해 보세요.

❹ 식당 손님 수가 어떻게 변화하고 있는지 막대그래프를 통해 알아 봅시다.

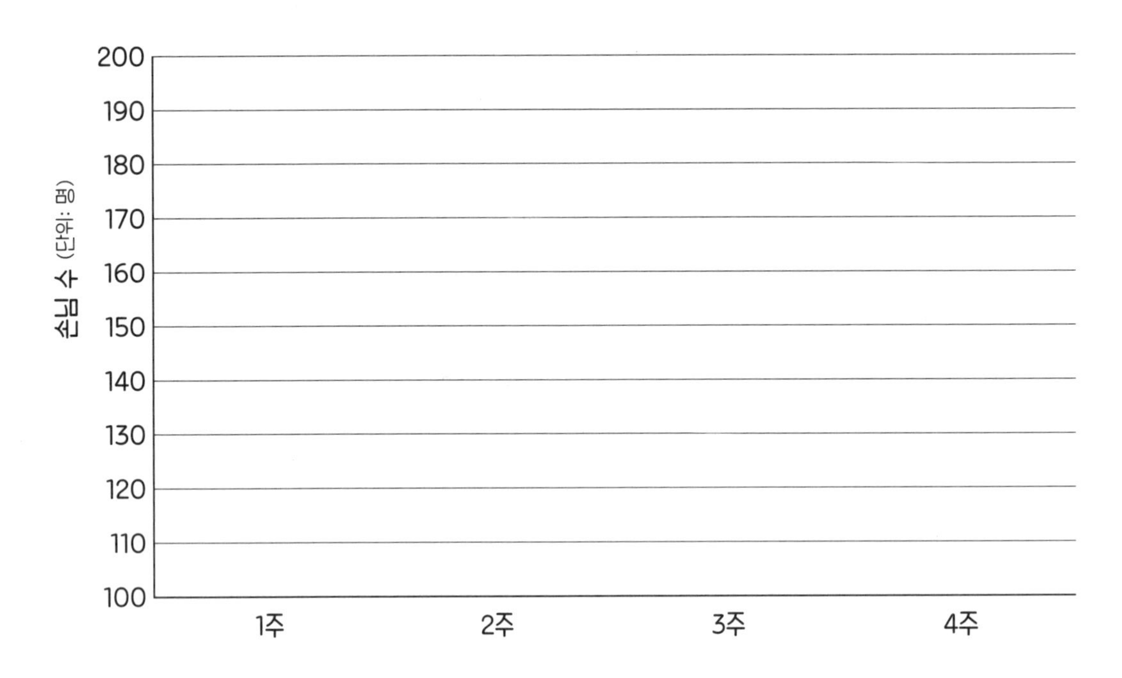

- 평균: 자료의 값을 모두 더해 자료의 수로 나눈 값
- 가능성: 어떠한 상황에서 특정한 일이 일어나길 기대할 수 있는 정도
- 확률: 하나의 사건이 일어날 수 있는 가능성을 수로 나타낸 것
- 통계: 어떤 현상을 종합적으로 한눈에 알아보기 위해 숫자로 나타내는 것

2 아래의 일기예보를 읽고 물음에 답해 보세요.

내일의 날씨를 알려 드리겠습니다. 기압골의 영향을 받아 전국이 흐리고 비가 올 확률은 오전 50~85%, 오후 30~75%가 되겠습니다. 중부지방은 북서쪽 지방부터 차차 개겠습니다. 아침 최저 기온은 21°C에서 25°C, 낮 최고 기온은 26°C에서 31°C로 예년 평균 기온보다 2°C 정도 높겠습니다.
지역별 날씨를 살펴보면 서울 지역의 낮 최고 기온은 26°C, 오후 비 올 확률은 50%입니다. 각 지역의 기온과 비 올 확률은 다음과 같습니다.

지 역	일 기	아침 최저 기온 (°C)	낮 최고 기온 (°C)	비 올 확률(%)	
				오전	오후
서울	비 온 뒤 갬	21	26	75	50
인천	비 온 뒤 갬	22	26	85	60
대전	흐리고 약한 비	21	27	70	50
광주	비 온 뒤 흐림	24	28	80	60
대구	비 온 뒤 흐림	25	31	70	50
부산	흐리고 비	24	30	85	75
제주도	흐리고 비	24	29	75	70

❶ 위 일기예보에서 평균이 활용된 곳에는 ○표, 가능성이 활용된 곳에는 □표해 봅시다.

❷ 하루 평균 기온이 가장 높은 지역과 가장 낮은 지역은 각각 어디인가요? (하루 평균 기온 계산은 아침 최저 기온과 낮 최고 기온의 평균으로 계산합니다.)

❸ 내가 부산에 살고 있다면, 아침에 일기예보를 보고 어떻게 판단하여 등교 준비를 할 것 같나요? (옷차림, 우산 등)

4 우리나라 인구 구성의 변화

읽어 보기

다음은 5학년 사회 교과서에 나오는 우리나라 인구 구성에 관한 글입니다. 우리나라에는 5,100만 명이 넘는 사람들이 살고 있습니다. 만일 우리나라를 100명이 사는 마을로 나타내면 어떻게 될까요? (인구 : 한 나라 또는 일정한 지역에 사는 사람의 수)

우리나라가 100명이 사는 마을이라면...

100명 중 50명은 여자이고, 50명은 남자입니다. 100명 중 14세 이하의 어린이는 14명이고, 65세 이상의 노인은 13명입니다. 그리고 100명 중 3명은 우리나라에 사는 외국인입니다.
사람들은 어디에 많이 모여 살까요? 100명 중 92명은 도시에 살고, 8명은 촌락에 삽니다. 서울, 인천, 경기를 포함한 수도권에 50명이 삽니다. 마을에서는 아기가 1년에 1명 태어나고 사람이 2년에 1명 정도 죽습니다. 따라서 2년 뒤 마을의 인구는 101명이 됩니다.

인구 구성은 연령별로 크게 14세 이하는 유소년층, 15~64세는 청장년층, 65세 이상은 노년층으로 나눌 수 있습니다. 하지만 인구 구성이 항상 일정하게 유지되는 것은 아니랍니다. 우리나라의 경우, 인구 구성의 변화에서 오는 여러 사회적 문제들이 조금씩 고개를 들고 있는 상황이랍니다. 여러 가지 자료들을 통해 우리나라 인구 구성의 변화를 살펴보고 미래를 예측해 봅시다.

정답 20쪽

생각해 보기

1 우리나라가 100명이 사는 마을이라면 100명 중 14세 이하의 유소년층은 14명이, 15~64세의 청장년층은 73명, 65세 이상의 노년층은 13명입니다. 이 내용을 띠그래프에 나타내 봅시다.

2 아래 그래프는 우리나라의 연령별 인구 구성 비율의 변화입니다. 2050년에 우리나라의 연령별 인구 구성 비율이 어떻게 변할지 예상해 그래프에 나타내 봅시다.

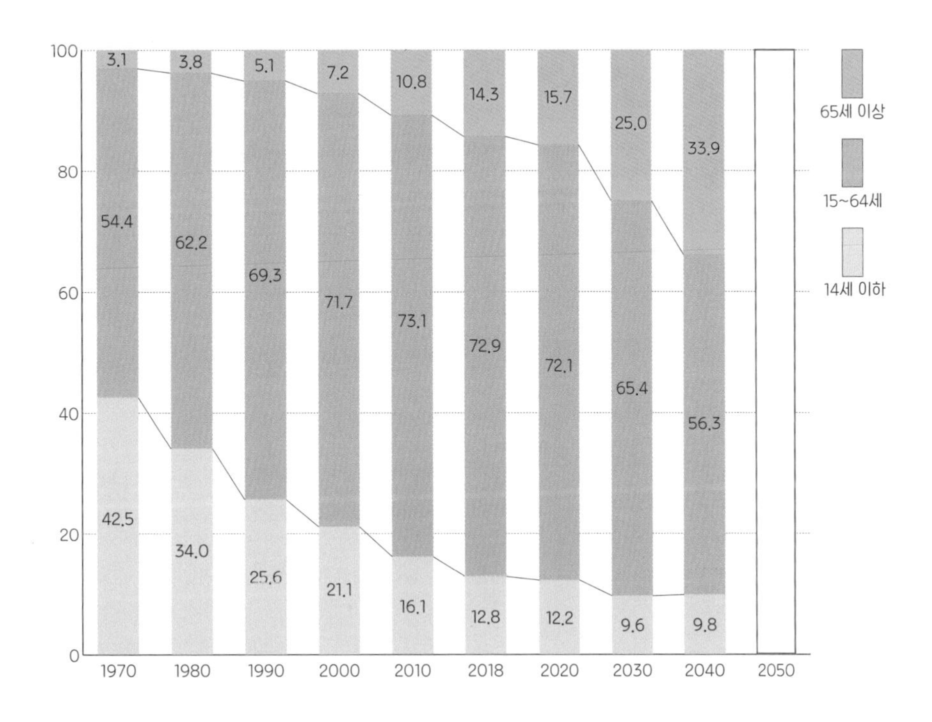

3 다음 기사를 읽고, 그래프를 해석하여 빈칸에 알맞은 숫자를 써넣어 봅시다.

5년 연속 최저치를 경신한 출산율

통계청이 발표한 '2021 한국의 사회지표'에 따르면 2021년 합계 출산율(여성 1명이 평생 낳을 것으로 예상되는 평균 출생아 수)은 [　　　] 명으로 전년 대비 0.03명 감소했다. 이 수치는 200명의 남녀가 [　　　] 명의 아이를 낳는다는 것을 의미한다. 이로써 합계 출산율은 1.05명을 기록한 [　　　] 년 이후 5년 연속 최저치를 경신하게 됐다.

한편 2020년 기준 국민 기대수명은 83.5년으로 전년 대비 [　　　] 년 증가했다. 2012년과 비교하면 [　　　] 년 늘어난 수치로, 꾸준히 증가하고 있다.

우리나라 출생률의 변화

1.50
1.25
1.00
0.75
0.50

1.23 1.19 1.2 1.124 1.17 1.05 0.98 0.92 0.84 0.81

2012 2013 2014 2015 2016 2017 2018 2019 2020 2021

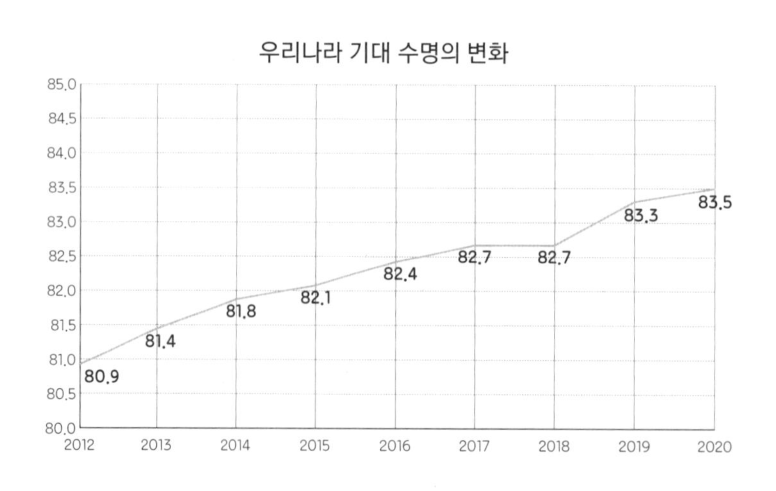

4 다음은 인구 구성 변화에 관한 다양한 그래프입니다.

우리나라 출생률의 변화

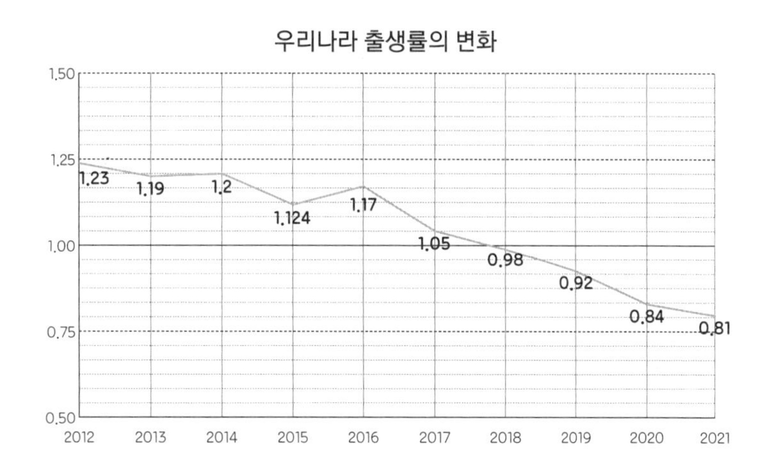

우리나라 기대 수명의 변화

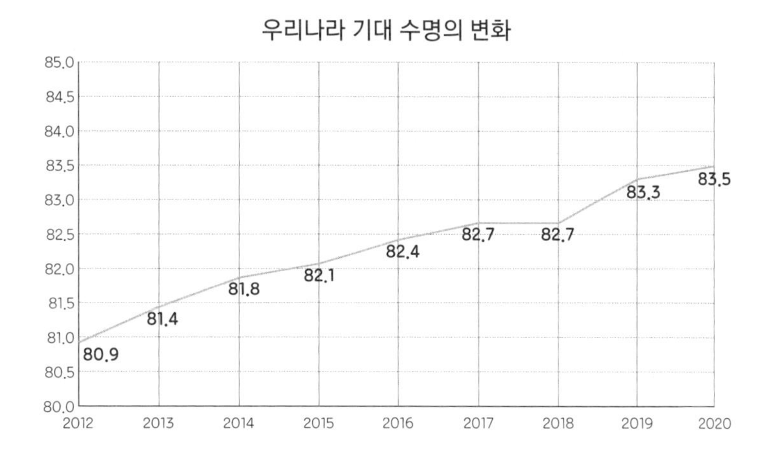

초등학교 한 반당 학생 수 변화

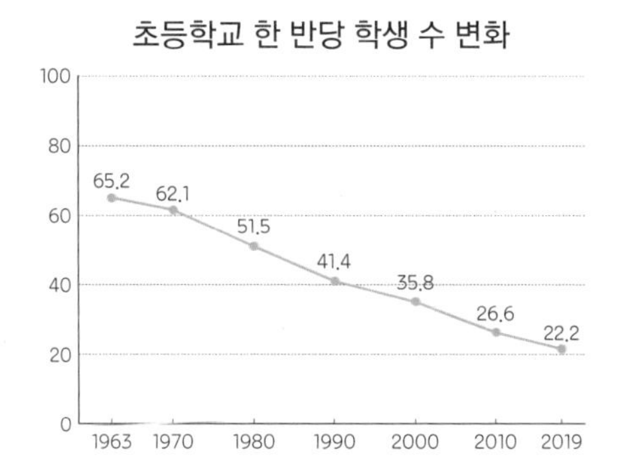

(   )

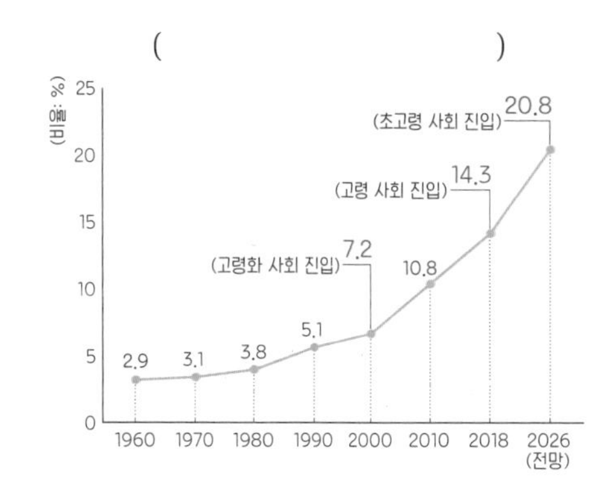

❶ 앞에서 나온 4개의 그래프 중 마지막 그래프에 알맞은 제목을 붙여 보세요.

❷ 각 그래프를 보고 알 수 있는 사실들을 적어 봅시다.

❸ 앞의 내용들을 바탕으로 우리나라 인구 구성이 어떻게 변화하고 있는지, 이 현상이 현재와 같은 추세로 지속될 경우 어떠한 현상들이 발생할 것으로 예측되는지 적어 봅시다.

머피의 법칙과 샐리의 법칙

일주일 내내 해가 쨍하다가 우리 반이 운동장 체육을 하는 날 갑자기 비가 왔던 적이 있었나요? 평소에는 잘 뽑히지도 않던 발표 이름표가 하필 모르는 문제가 나왔을 때 뽑히는 적은 없었나요? 유독 운이 없게 느껴지는 날이 있습니다. 그리고 이렇게 운이 없는 일들은 유독 몰려서 일어나는 경우가 많은 것 같아요. 이렇게 좀처럼 일이 잘 진행이 되지 않고 운이 없는 일만 일어날 때 '머피의 법칙'이라는 표현을 씁니다.

머피의 법칙은 미국의 에드워드 공군기지에서 일하던 에드워드 머피 대위가 1949년 처음 사용한 표현이에요. 머피 대위는 사람의 몸이 견딜 수 있는 중력의 한계를 찾는 실험을 하고 있었습니다. 하지만 실험은 계속 실패했고, 그 원인을 찾다가 부하 기술자가 플러스와 마이너스극을 반대로 연결하는 실수를 저질렀기 때문이라는 사실을 알게 되었어요.

이런 터무니없는 실수 때문에 실험이 계속 실패했다는 것을 알게 된 머피 대위는 '어떤 일을 하는 방법이 여러 가지가 있고, 그 가운데 하나가 재앙을 일으킬 수 있다면 누군가는 꼭 그 방법을 사용한다.'라고 말했다고 해요. 여기에서 비롯된 '머피의 법칙'은 일이 계속 꼬이기만 하고 운이 좋지 않을 때를 지칭하는 표현으로 널리 사용되기 시작했습니다.

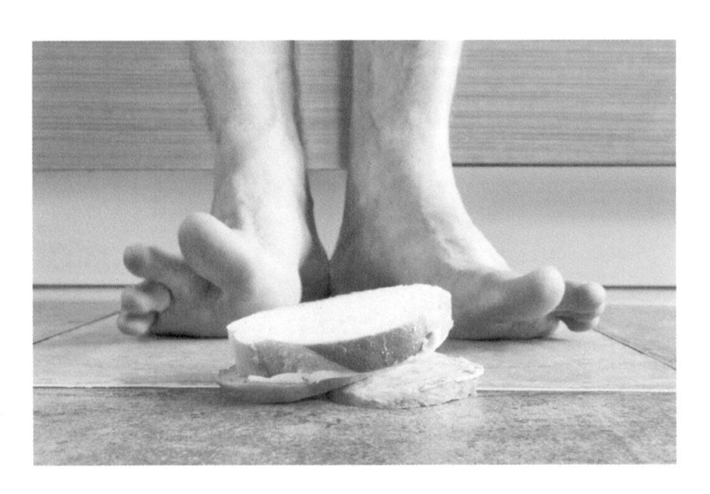

반대 방향으로 떨어졌으면 좋았을 텐데….

흰 바지를 입은 날 비가 올 때, 자주 보이던 버스가 내가 기다릴 때는 유독 오지 않을 때 등 머피의 법칙은 우리 주변에서 항상 일어나고 있어요. 그리고 이러한 일을 겪게 되면 사람들은 '아, 오늘 운이 없구나!'라고 생각합니다. 하지만 결코 운이 없는 것이 아니에요. 수학적인 확률로 계산해 보면 당연한 일인 경우가 대부

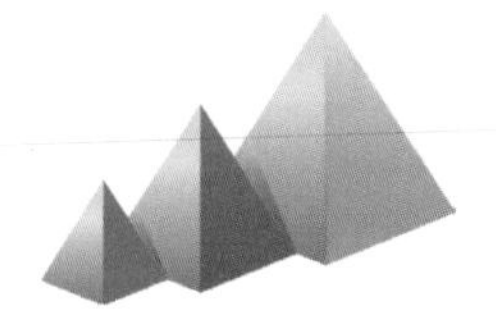

분이에요. 그럼에도 불구하고 사람들이 유독 자신이 운이 없다며 머피의 법칙을 떠올리는 것은 심리적인 이유 때문이랍니다. 평소에 일어나는 좋은 일들은 당연하다고 받아들이고 금세 잊지만, 운이 없다고 생각하는 일들은 오랫동안 기억에 남습니다. 그래서 유독 운이 없는 일이 나에게 일어난다고 느끼게 되는 것이에요.

그리고 머피의 법칙과는 반대로, 우연히 나에게만 좋은 일이 일어나는 경우를 '샐리의 법칙'이라고 합니다. 그렇다면 왜 '샐리'라는 이름이 붙었을까요? 1989년에 나온 〈해리가 샐리를 만났을 때〉라는 영화가 있습니다. 이 영화의 여주인공 샐리는 우연히 남주인공 해리를 알게 되고, 첫 만남부터 말다툼을 하게 되었어요. 그 후 두 사람은 12년간 친구로 지내며 계속 티격태격하며 어긋나지만, 마침내 해리가 샐리를 좋아하는 감정을 깨닫고 고백을 하며 해피엔딩을 맞습니다. 모든 일들이 하나씩 잘 풀려가며 행복한 결말을 만들어 낸 샐리의 모습에서 바로 '샐리의 법칙'이라는 말이 탄생하게 된 것이죠.

영화 〈해리가 샐리를 만났을 때〉 (1989년)

갑자기 비가 오는데 가방 속에 넣어둔 것도 잊어버렸던 우산을 발견했다거나, 시험공부를 제대로 하지 못했는데 시험 직전에 급하게 본 부분에서 문제가 나오는 경우 등이 샐리의 법칙에 해당될 수 있어요.

여러분은 머피의 법칙과 샐리의 법칙 중 어떤 법칙을 더 자주 겪나요? 머피의 법칙, 샐리의 법칙 모두 그 원인은 '심리적인 이유'랍니다. 심리학자들은 '좋은 일이 생길 것이라고 생각하면 할수록 좋은 일들이 많이 일어난다'고 이야기해요. 샐리의 법칙을 자주 경험하고 싶다면, 긍정적인 생각을 자주 해 보세요. 그러면 좋은 일이 일어날 확률이 절로 높아질 테니까요. 그리고 비록 머피의 법칙을 겪게 되더라도, 내가 운이 없다고 생각하기보다는 수학적인 확률로 따져 보세요! 조금 더 긍정적인 하루가 될 수 있을 거예요.

교과 연계

초등 영재 사고력수학 지니

해설 및 부록

레벨 2

교과 연계

초등 영재 사고력 수학 지니 레벨 2

해설

1 수와 연산

1 사칙연산 p. 16

1 34

2 해설 참조

3 ❶ 11
❷ 24

4 8이 사칙연산으로 완성되지 않습니다.

5 13

6 해설 참조

7 해설 참조

8 해설 참조

해설

1 ♡=3×{(35−17)+2×3}÷8=3×{(18)+2×3}÷8 (⑥ 설명)
=3×{18+6}÷8 (② 설명)
=3×{24}÷8 (⑥ 설명)
=3×24÷8=72÷8=9 (④ 설명)

☆=12×3−65÷5+10=36−13+10 (②, ③ 설명)
=23+10=33 (① 설명)

따라서

2×{♡+(☆−♡)÷3}=2×{9+(33−9)÷3}=2×{9+(24)÷3} (⑥ 설명)

= 2×{9+8} (③ 설명)

= 2×{17} (⑥ 설명)

= 34

2 =20, =8, =4, =48, =6

×2=40 ⇨ =20입니다.

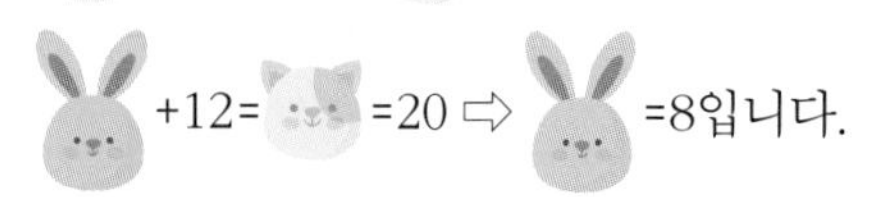
+12= =20 ⇨ =8입니다.

12− = =8 ⇨ =4입니다.

− =40이고 =8 ⇨ =48입니다.

× = =48이고 =8 ⇨ =6입니다.

3 ❶ 3▽4=11=3+(2×4)
4▽3=10=4+(2×3)
6▽2=10=6+(2×2)
7▽5=17=7+(2×5)라는 것을 알 수 있습니다.
따라서 ♡▽☆=♡+(2×☆)임을 알 수 있어요.
이를 이용해서 계산하면
5▽3=5+(2×3)=5+6=11입니다.

❷ 8▽(4▽2)를 구하기 위해 4▽2을 먼저 구해 봅시다. 4▽2=4+(2×2)=8이므로, 8▽(4▽2)=8▽8=8+(2×8)=8+16=24입니다.

4 8이 사칙연산으로 완성되지 않습니다.

예시 답안입니다.

(5	÷	5)	×	(5	÷	5)	=	1
(5	÷	5)	+	(5	÷	5)	=	2
(5	+	5	+	5)	÷	5	=	3
{(5	×	5)	−	5}	÷	5	=	4
{(5	−	5)	×	5}	+	5	=	5
{(5	×	5)	+	5}	÷	5	=	6
5	+	{(5	+	5)	÷	5}	=	7
5		5		5		5	=	8(X)
5	+	5	−	(5	÷	5)	=	9
5	+	5	+	(5	−	5)	=	10

5
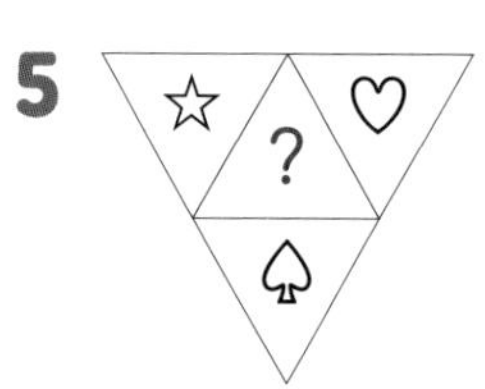

위의 규칙을 통해 ?=(☆+♤)−♡임을 알 수 있습니다.
따라서 다섯 번째 그림의 가운데 물음표는
(11+9)−7 = 20−7 = 13입니다.

6

5	2	3	4
7	1	9	8
3	0	2	4
2	7	6	5

모든 수의 합이 63이고, 4개의 블록으로 나눠야 하므로 한 블록의 합이 17임을 알 수 있습니다. 각 블록에서 숫자 4개의 합이 17이 나오게 나누어 봅시다.

7 1) 전체 사각형의 가로와 세로에는 1, 2, 3, 4의 수가 한 번씩 적혀 있습니다.

2) 각 블록마다 작은 글씨로 숫자와 연산이 주어집니다.

3) 각 블록마다 적혀 있는 연산을 해당 블록의 모든 숫자에 적용하면 작은 글씨로 적힌 숫자가 나옵니다.

4) 뺄셈과 나눗셈인 경우에는 큰 수에서 작은 수를 빼거나 나눕니다.

8

3	4	2	1
1	3	4	2
4	2	1	3
2	1	3	4

2	1	4	3
1	4	3	2
4	3	2	1
3	2	1	4

2 4차 마방진 p. 22

1 ❶ 136 ❷ 34
❸ 해설 참조 ❹ 해설 참조

2 해설 참조

3 해설 참조

4 1~9의 숫자가 한 번씩만 들어가야 합니다.

해설

1 ❶ 1+2+3+4+5+6+7+8+9+10+11+12+13+14+15+16 = 136

❷ 4차 마방진이므로 한 줄의 합은 136÷4인 34가 되어야 됩니다.

❸

1그룹	1, 2, 3, 4	→ 합이 같은 두 그룹으로 나누기	1, 4	2, 3
2그룹	5, 6, 7, 8		5, 8	6, 7
3그룹	9, 10, 11, 12		9, 12	10, 11
4그룹	13, 14, 15, 16		13, 16	14, 15

❹

13	2	3	16
8	11	10	5
12	7	6	9
1	14	15	4

16	2	3	13
5	11	10	8
9	7	6	12
4	14	15	1

2

1	2	4	3
3	4	2	1
2	1	3	4
4	3	1	2

3

A		
B	D	
C		

만들 수 없습니다. 왼쪽 방진에서 A, B, C는 1, 2, 3으로 이루어진 서로 다른 숫자입니다. 그렇다면 D는 가로와 대각선의 선들을 고려하면 1, 2, 3이 아닌 다른 숫자가 되어야 합니다. 특수 3차 라틴 방진은 1, 2, 3의 수로만 이루어집니다. 따라서 특수 3차 라틴 방진은 만들 수 없습니다.

4
① 각각의 가로줄에 (1~9의 숫자가 한 번씩만 들어가야 합니다.)
② 각각의 세로줄에 (1~9의 숫자가 한 번씩만 들어가야 합니다.)
③ 동시에, 전체 큰 사각형 안의 가로 세로 세 칸씩 모두 9개의 칸으로 이루어진 작은 정사각형(3×3상자)의 안도 (1~9의 숫자가 한 번씩만 들어가야 합니다.)

❶

4	2	1	6	8	3	9	5	7
6	7	9	2	4	5	1	8	3
8	3	5	9	1	7	4	2	6
9	4	3	5	2	1	6	7	8
1	6	2	7	9	8	5	3	4
5	8	7	4	3	6	2	1	9
3	5	6	1	7	9	8	4	2
2	9	8	3	5	4	7	6	1
7	1	4	8	6	2	3	9	5

❷

5	9	2	4	8	7	6	1	3
1	6	7	9	5	3	2	4	8
3	8	4	2	1	6	5	9	7
2	7	9	8	3	1	4	5	6
6	3	1	5	9	4	7	8	2
8	4	5	6	7	2	1	3	9
4	1	8	7	2	9	3	6	5
9	2	3	1	6	5	8	7	4
7	5	6	3	4	8	9	2	1

❸

6	4	7	2	8	5	3	9	1
4	3	6	9	1	8	7	5	2
8	1	5	3	2	4	6	7	9
2	7	8	1	9	6	5	4	3
9	2	4	8	3	7	1	6	5
3	6	9	5	4	2	8	1	7
7	5	2	4	6	1	9	3	8
1	8	3	7	5	9	4	2	6
5	9	1	6	7	3	2	8	4

3 로마 숫자와 아라비아 숫자 p. 28

1 해설참조

2 900, 500, 110

3 ❶ DLXVIII

❷ MDCC XXX II

❸ 1944

❹ 281

4 1876년

해설

1 1) 큰 단위를 나타내는 표기법 (V, X) 왼쪽에 그보다 작은 수가 적혀 있으면 왼쪽에 적힌 수만큼 뺍니다.

2) 큰 단위를 나타내는 표기법 (V, X) 오른쪽에 그보다 작은 수가 적혀 있으면 오른쪽에 적힌 수만큼 더합니다.

2 1) C=100, M=1000입니다. CM은 1000 왼쪽에 100이 적혀 있으니 1000-100=900입니다.

2) CD=400, DC=600, C=100입니다. D를 기준으로 C가 왼쪽에 있는 경우 400, 오른쪽에 있는 경우가 600이므로 D는 500입니다.

3) C=100, X=10입니다. CX는 100 오른쪽에 10이 적혀 있으니 110입니다.

3 568=500+60+8=500+(50+10)+(5+3)=D LX VIII

1732=1000+700+30+2=1000+(500+200)+30+2=M DCC XXX II

MCMXLIV=M CM XL IV=1000+(1000-100)+(50-10)+(5-1)=1944

※ 주의 : 큰 수 앞에 작은 수가 있는 경우, 항상 큰 수 왼쪽에 있는 만큼 빼는 것을 뜻합니다. 즉 MCM이 MC와 M 으로 구분되는 것이 아니라 M CM으로 구분됩니다.

CCLXXXI=C C LXXX I
=100+100+(50+10+10+10)+1=281

4 MDCCCLXXVI=M DCCC LXX VI=1000+(500+100+

100+100)+(50+10+10)+(5+1)=1876

따라서 해당 건축물은 1876년에 지어졌습니다.

4 단위분수 p. 32

1 ❶ $\frac{15}{16}$

❷ $\frac{31}{32}$

❸ $\frac{63}{64}$

규칙 : 계산해서 나온 값이 더하는 수 중 가장 작은 수를 1에서 뺀 수와 같습니다.

2 $\frac{11}{24}=\frac{1}{3}+\frac{1}{12}+\frac{1}{24}=\frac{1}{4}+\frac{1}{6}+\frac{1}{12}$

3 $\frac{1}{5}=\frac{1}{6}+\frac{1}{30}=\frac{1}{7}+\frac{1}{42}+\frac{1}{30}=\frac{1}{8}+\frac{1}{56}+\frac{1}{42}+\frac{1}{30}$

4 $\frac{25}{216}$

해설

1 $\frac{1}{2}+\frac{1}{4}+\frac{1}{8}+\frac{1}{16}=\frac{8+4+2+1}{16}=\frac{15}{16}$

$\frac{1}{2}+\frac{1}{4}+\frac{1}{8}+\frac{1}{16}+\frac{1}{32}=\frac{16+8+4+2+1}{32}=\frac{31}{32}$

$\frac{1}{2}+\frac{1}{4}+\frac{1}{8}+\frac{1}{16}+\frac{1}{32}+\frac{1}{64}=\frac{32+16+8+4+2+1}{64}=\frac{63}{64}$

2 분자가 1이 나오기 위해서는 분자인 11을 분모인 24의 약수들인 1, 2, 3, 4, 6, 8, 12, 24의 합으로 표현하면 됩니다.

1) $\frac{11}{24}=\frac{8+2+1}{24}=\frac{1}{3}+\frac{1}{12}+\frac{1}{24}$

2) $\frac{11}{24}=\frac{6+4+1}{24}=\frac{1}{4}+\frac{1}{6}+\frac{1}{24}$

3 $\frac{1}{5}-\frac{1}{6}=\frac{1}{30}$ ⇨ $\frac{1}{5}=\frac{1}{6}+\frac{1}{30}$

$\frac{1}{6}-\frac{1}{7}=\frac{1}{42}$ ⇨ $\frac{1}{6}=\frac{1}{7}+\frac{1}{42}$

$\frac{1}{7}-\frac{1}{8}=\frac{1}{56}$ ⇨ $\frac{1}{7}=\frac{1}{8}+\frac{1}{56}$

따라서

$\frac{1}{5}=\frac{1}{6}+\frac{1}{30}=\frac{1}{7}+\frac{1}{42}+\frac{1}{30}=\frac{1}{8}+\frac{1}{56}+\frac{1}{42}+\frac{1}{30}$ 입니다.

4 $\frac{17}{72}=\frac{1}{8}+\frac{1}{9}$, $\frac{19}{90}=\frac{1}{9}+\frac{1}{10}$, $\frac{21}{110}=\frac{1}{10}+\frac{1}{11}$,

$\frac{23}{132}=\frac{1}{11}+\frac{1}{12}$, $\frac{25}{156}=\frac{1}{12}+\frac{1}{13}$

위의 규칙을 따라서 첫 번째 수는 분모가 8, 9인 단위분수, 두 번째 수는 분모가 9, 10인 단위분수의 합이므로, 백 번째 수는 분모가 107, 108인 단위분수의 합이라는 것을 알 수 있습니다.

100개의 나열된 수 중 홀수 번째 수들의 합은

$\frac{1}{8}+\frac{1}{9}+\frac{1}{10}+\frac{1}{11}+\cdots+\frac{1}{106}+\frac{1}{107}$ 이고 짝수 번째 수들의 합은 $\frac{1}{9}+\frac{1}{10}+\frac{1}{11}+\cdots+\frac{1}{107}+\frac{1}{108}$가 됩니다.

따라서 (홀수 번째 수들의 합) − (짝수 번째 수들의 합)은

$$\left(\frac{1}{8}+\frac{1}{9}+\frac{1}{10}+\frac{1}{11}+\cdots+\frac{1}{106}+\frac{1}{107}\right)$$

$$-\left(\frac{1}{9}+\frac{1}{10}+\frac{1}{11}+\cdots+\frac{1}{107}+\frac{1}{108}\right)=\frac{1}{8}-\frac{1}{108}=\frac{25}{216}$$

입니다.

5 우리 조상들의 수 p. 35

1 해설 참조

2 해설 참조

해설

1 4= 𝍣 80= 𝍰

2

3052			𝍫		𝍭	𝍡
|예시| 527				𝍤	𝍪	𝍦
7503			𝍯	𝍤		𝍢
|예시| 153027	𝍩	𝍤	𝍫		𝍪	𝍦
692				𝍥	𝍱	𝍡
71500		𝍦	𝍩	𝍤		

2 도형과 측정

1 합동과 닮음 p. 41

1 해설 참조

2 가로=55, 세로=34

3 3가지

4 27°

5 110°

6 4cm

7 ❶ 8층 : 204개, 4층 : 30개

❷ 1.5년

8 ❶ 8배

❷ $\frac{1}{8}$

해설

1

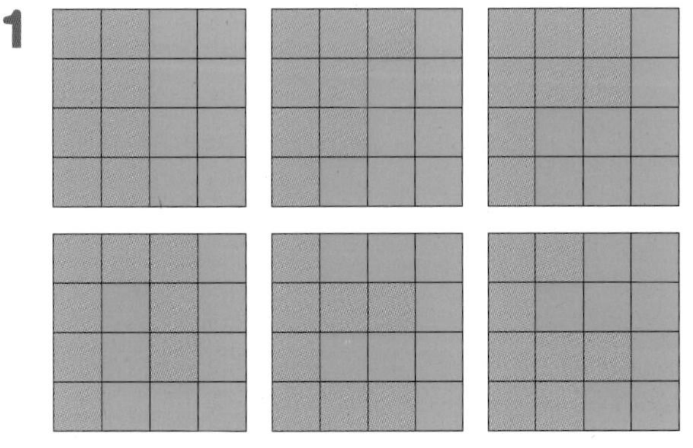

2 가장 작은 정사각형과 그 주변 영역을 (A)라고 두고 각각의 길이를 구해봅시다.

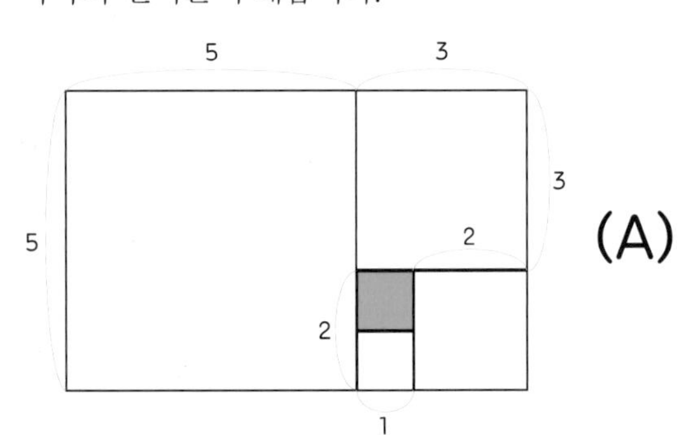

(A)의 길이를 이용하여 (A)를 둘러싸고 있는 영역 (B)의 길이를 각각 구해봅시다.

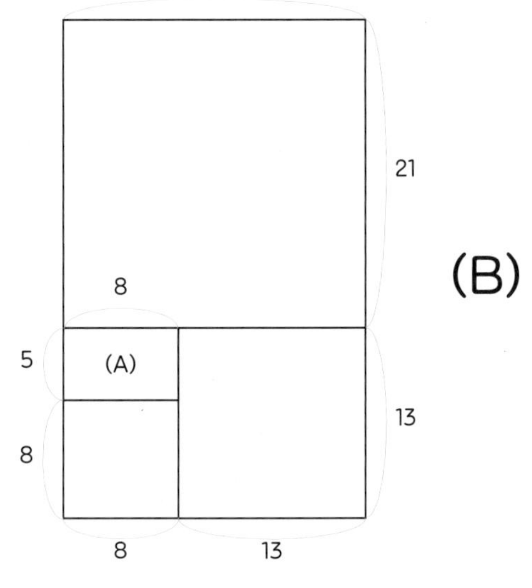

(B)의 길이를 이용하여 전체 직사각형의 가로와 세로 길이를 구해봅시다.

34 21

(B) 34

직사각형의 가로 길이는 55, 세로는 34입니다.

3

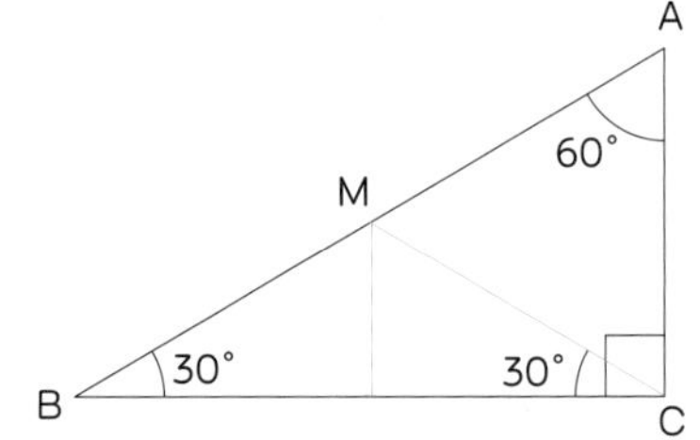

M을 A와 B의 중점이라 하고, 그 점을 이용하여 합동인 삼각형 2개를 얻을 수 있습니다.

삼각형 AMC는 정삼각형이고 여기서 합동인 삼각형 2개를 얻는 방법은 3가지가 나옵니다.

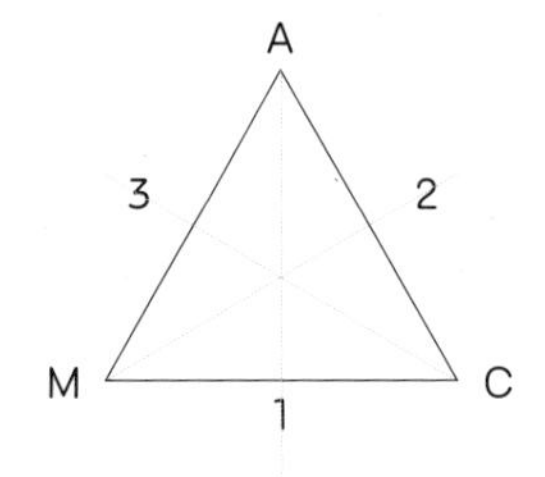

4 각 ABC=각 ACB=72° 이므로 삼각형 내각의 합이 180° 을 이용하여 각 BAC는 36° 인 것을 알 수 있습니다. 삼각형 ABC와 삼각형 DEC는 합동이므로 각 EDC=각 BAC=36° 입니다.

각 DEC=각 ABC=72° 이고 각 EFC=90° 이므로 각 FCE=18° 입니다.

각 FCD=각 DCE − 각 FCE=(72−18)° =54° .

삼각형 ABC와 삼각형 DEC는 합동이므로 AC의 길이와 DC의 길이는 같습니다. 삼각형 CAD는 이등변 삼각형이니 각 CAD=각 CDA=63° 입니다.

각 EDC는 36° 이므로 각 ADF=각 CDA − 각 EDC=(63−36)° =27° 입니다.

5 각 CFE=20° 이고 삼각형 FEC와 삼각형 EFD는 합동이므로 각 DEF=20° 입니다. 삼각형 DBE와 삼각형 FEC가 합동이므로 각 FEC는 90° 입니다.

각 DEC=각 DEF+각 FEC=(20+90)° =110° 입니다.

6 각 EDF=45° 이므로 삼각형 EDF는 이등변 삼각형입니다. 삼각형 EDF의 넓이는 $\left(12\times12\times\frac{1}{2}\right)$ cm^2=72cm^2입니다. 삼각형 GEC의 넓이=(72−64) cm^2=8cm^2입니다.

삼각형 EDF 넓이:삼각형 GEC 넓이=9:1이므로 길이의 비는 3:1입니다. EF의 길이:EC의 길이=3:1이므로 EC의 길이는 4cm입니다.

7 ❶ 편의를 위해 위에서부터 1층이라고 하겠습니다. 1층에 필요한 쌓기나무는 1개가 필요합니다. 2층에 필요한 쌓기나무는 4개(=2×2)입니다. 3층에 필요한 쌓기나무는 9개(=3×3)입니다. 4층에 필요한 쌓기나무는 16개(=4×4)입니다. 5층에 필요한 쌓기나무는 25개(=5×5)입니다. 6층에 필요한 쌓기나무는 36개(=6×6)입니다. 7층에 필요한 쌓기나무는 49개(=7×7)입니다. 8층에 필요한 쌓기나무는 64개(=8×8)입니다. 따라서 8층의 모형 피라미드를 만들기 위해서는 (1+4+9+16+25+36+49+64)=204개가 필요합니다. 4층의 모형 피라미드를 만들기 위해서는 (1+4+9+16)=30개가 필요합니다.

❷ 204개의 돌을 옮기는 데 10년이 걸렸으니, 1개의 돌을 옮기는 데는 $\frac{10}{204}$년이 걸립니다. 따라서 30개의 돌을 옮기는 데는 $\frac{10}{204}$×30년=1.4705...년이 걸립니다. 따라서 소수점 첫 번째 자리까지 반올림하여 나타내면 1.5년이 걸립니다.

8 ❶ 모서리가 1인 정육면체의 부피는 1(=1×1×1)이고, 모서리가 2인 정육면체의 부피는 8(=2×2×2)입니다. 따라서 모서리의 길이가 2배 늘어나면 도형의 부피는 8배가 됩니다.

❷ 모서리가 1인 정육면체의 부피는 1입니다. 모서리의 길이가 $\frac{1}{2}$인 정육면체의 부피는 $\frac{1}{2}\times\frac{1}{2}\times\frac{1}{2}=\frac{1}{8}$입니다. 따라서 길이가 $\frac{1}{2}$로 줄어들면 부피는 $\frac{1}{8}$로 줄어듭니다.

2 선대칭도형 p. 47

1 해설 참조

2 ❶ 8시 45분

❷ 4시 30분

3 해설 참조

4 해설 참조

5 해설 참조

해설

1

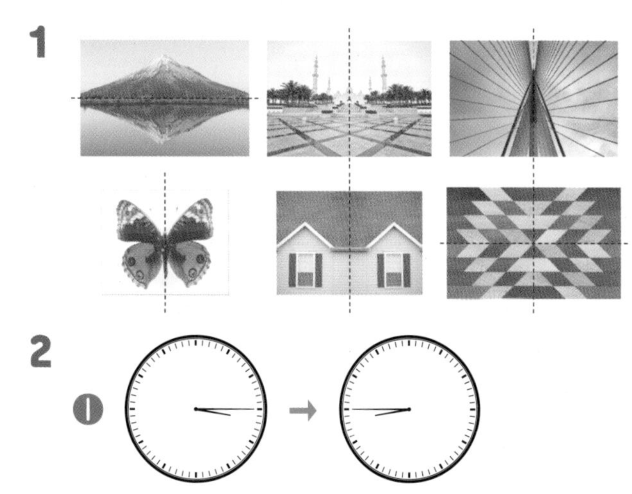

2 ❶

시침이 3시와 4시 사이에 있으니 거울에 비추면, 8시와 9시 사이에 있습니다. 분침은 45분이니 8시 45분이 됩니다.

❷ 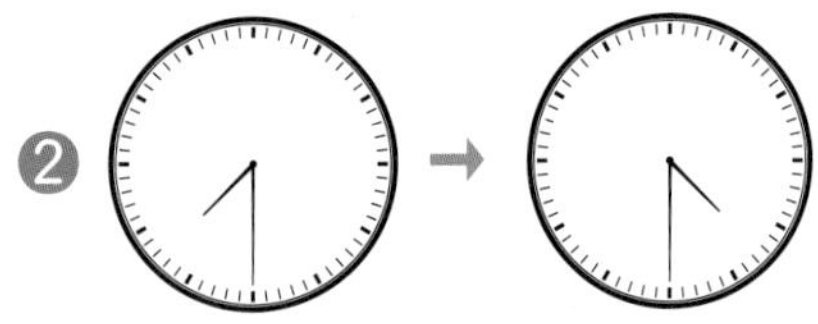

시침이 7시와 8시 사이에 있으니 거울에 비추면, 4시와 5시 사이에 있습니다. 분침은 30분이니 4시 30분이 됩니다.

3 

도장은 제작된 모양과 좌우가 반대로 찍히기 때문에, 제작할 때는 원하는 도장 모형과 좌우가 반대로 되도록 제작해야 합니다.

4

	정삼각형	정사각형	정오각형	정육각형	정팔각형	정구각형
대칭축의 개수	3	4	5	6	8	9

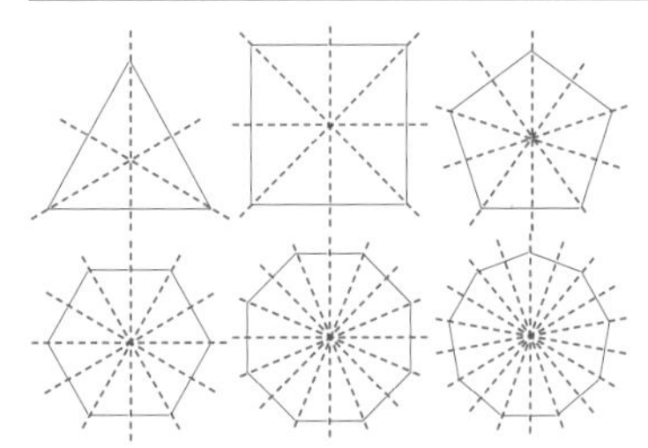

규칙 : 정다각형의 꼭짓점 수 또는 변의 수와 대칭선의 개수는 같습니다.

5 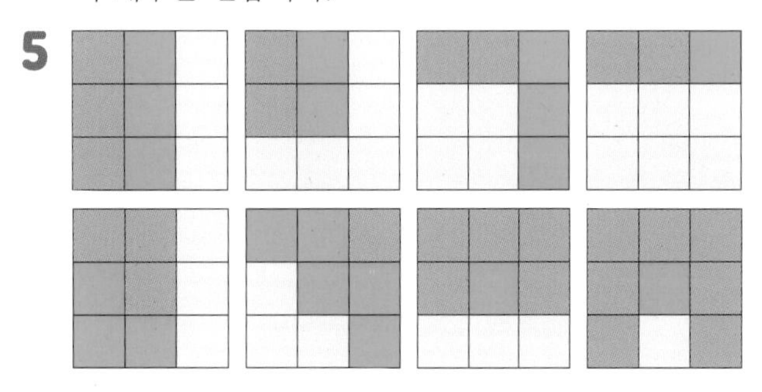

3 테셀레이션과 도형의 이동 p. 51

1 해설 참조

2 ❶ 해설 참조

❷ 해설 참조

3 ❶ 해설 참조

❷ 해설 참조

해설

1 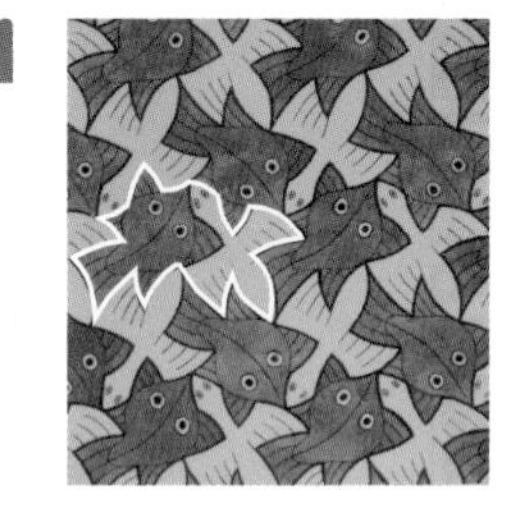 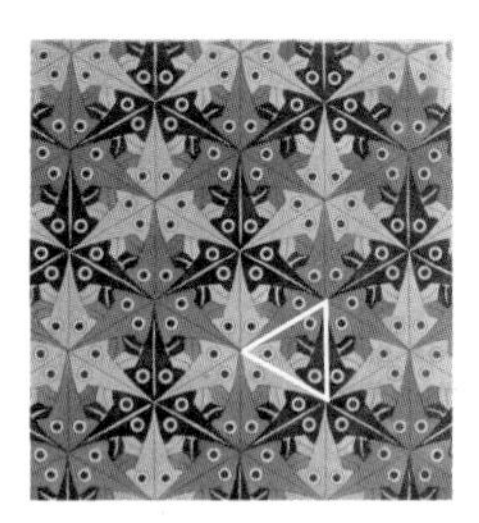

2 ❶ 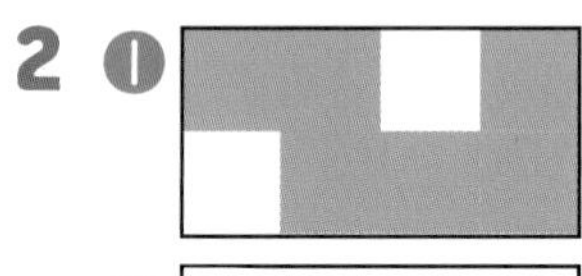

❷ 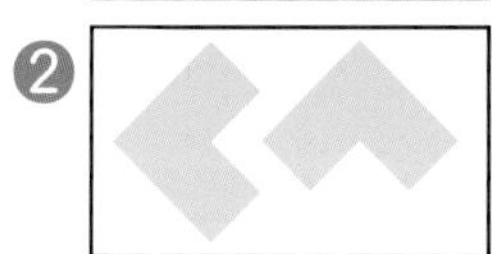

3 ❶ 예시 : 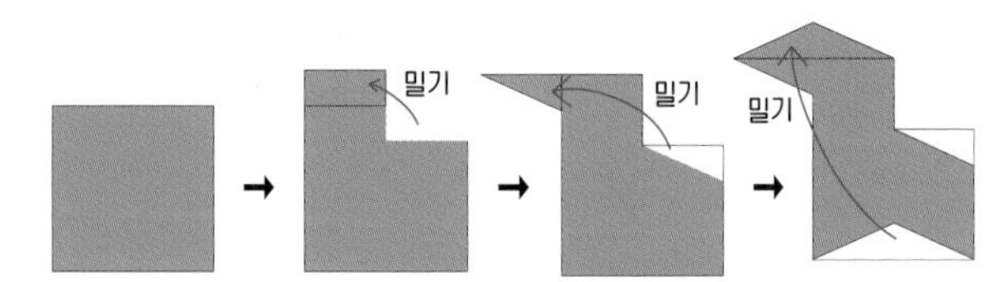

밀기를 이용했습니다.

❷ 예시 :

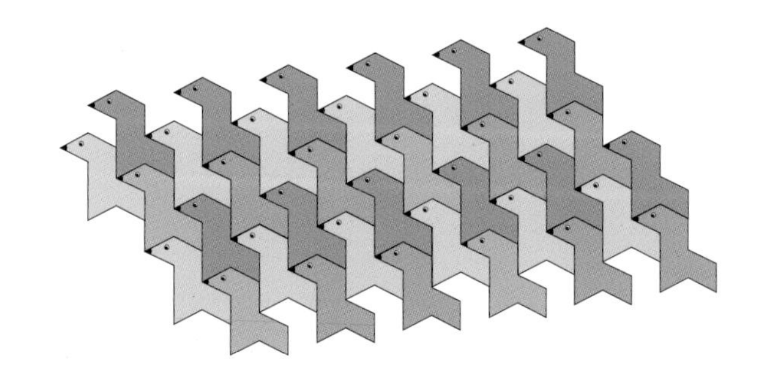

4 점대칭도형 p. 58

1 해설 참조

2 해설 참조

3 ❶ 해설 참조

❷ N, S, Z

❸ H, I, O, X

4 ❶ 8528

❷ 7개

5 3

6 영국, 태국, 스위스, 오스트리아

해설

1 다이아몬드

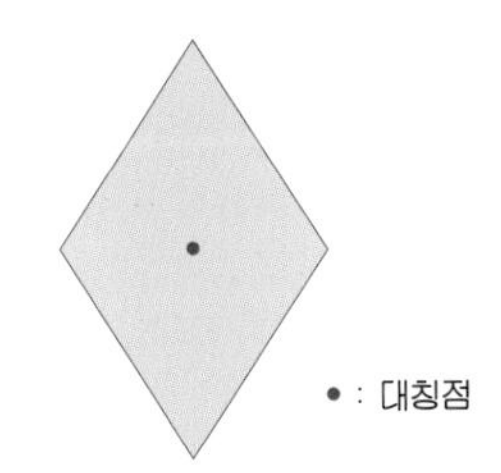

• : 대칭점

2

→

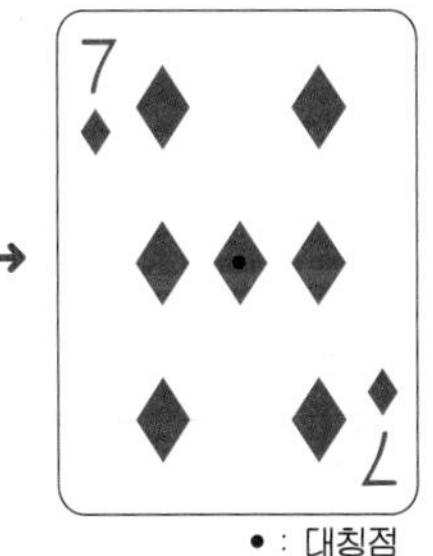

• : 대칭점

3 ❶

대칭축이 없음	대칭축의 개수가 1개	대칭축의 개수가 2개 이상
F, G, J, L, N, P, Q, R, S, Z	A, B, C, D, E, K, M, T, U, V, W, Y	H, I, O, X

❷ N, S, Z

❸ H, I, O, X

4 ❶ 서로 선대칭이 되는 쌍은 1↔1, 2↔5, 8↔8, 0↔0가 있습니다. 선대칭도형이 되는 네 자리 수는 첫 번째와 두 번째 수가 정해지면 세 번째 수는 두 번째 수의 쌍이 되는 수, 네 번째 수는 첫 번째 수의 쌍이 되는 수로 정해집니다. 가장 큰 수는 8888이고 그 다음으로 큰 수는 8528입니다.

❷ 서로 점대칭이 되는 쌍은 1↔1, 2↔2, 5↔5, 6↔9, 8↔8, 0↔0 이 있습니다. 3000~6000의 숫자이므로 점대칭이 되는 수는 첫 번째와 네 번째 수는 5입니다. 두 번째 수가 정해지면 세 번째 수는 두 번째 수와 쌍을 이루는 숫자로 정해지므로 5005, 5115, 5225, 5555, 5695, 5885, 5965로 총 7개가 있습니다.

5 선대칭이 되는 글자 : 아, 무, 용, 표, 유, 묘

점대칭이 되는 글자 : 늑, 를, 근

따라서 6-3=3입니다.

6 영국, 태국, 스위스, 오스트리아

5 우유갑의 전개도 p. 63

1 해설 참조

2 ❶ 해설 참조

❷ 해설 참조

3 ❶ 해설 참조

❷ 해설 참조

4 해설 참조

5 해설 참조

해설

1

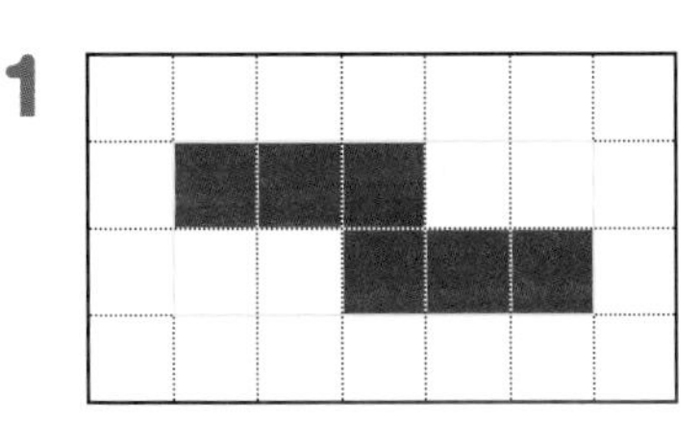

다른 10개의 전개도의 넓이는 12cm²이고, 위의 전개도만 넓이가 10cm²입니다.

2 ❶

★
A B A B

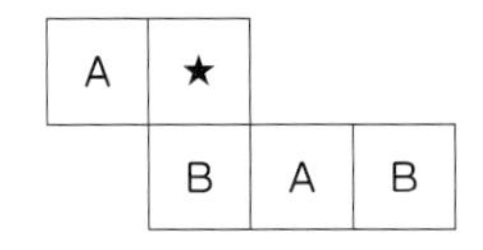

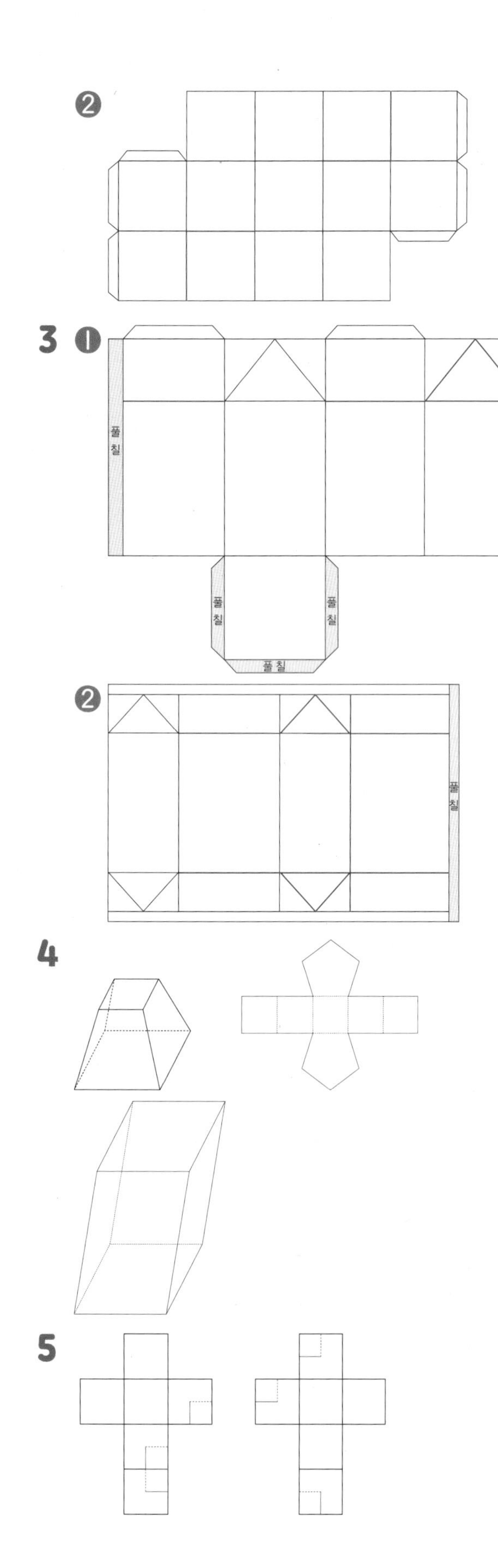

3 규칙과 추론

1 국제표준도서번호 p. 73

1 ❶ 0

❷ 8

❸ 1

❹ 2

2 ❶ 1

❷ 6

❸ 5

❹ 8

3 예시) 978-89-1234-123-7

해설

1 ❶ 홀수 번째 자리에 있는 숫자들 더하기

9+8+9+7+6+6=45

짝수 번째 자리에 있는 숫자들 더하기

7+8+3+6+6+5=35

홀수 번째 자리에 있는 숫자들 합+(3×짝수 번째 자리에 있는 숫자들 합)=150

150+□이 10의 배수이므로 □=0입니다.

❷ 홀수 번째 자리에 있는 숫자들 더하기

9+9+1+8+5+9=41

짝수 번째 자리에 있는 숫자들 더하기

7+1+8+6+6+9=37

홀수 번째 자리에 있는 숫자들 합+(3×짝수 번째 자리에 있는 숫자들 합)=152

152+□이 10의 배수이므로 □=8입니다.

❸ 홀수 번째 자리에 있는 숫자들 더하기

9+9+1+5+7+4=35

짝수 번째 자리에 있는 숫자들 더하기

7+1+9+2+9+0=28

홀수 번째 자리에 있는 숫자들 합+(3×짝수 번째 자리에 있는 숫자들 합)=119

119+□이 10의 배수이므로 □=1입니다.

④ 홀수 번째 자리에 있는 숫자들 더하기
9+8+9+7+9+9=51

짝수 번째 자리에 있는 숫자들 더하기
7+8+8+3+6+7=39

홀수 번째 자리에 있는 숫자들 합+(3×짝수 번째 자리에 있는 숫자들 합)=168

168+□이 10의 배수이므로 □=2입니다.

2 ❶ 홀수 번째 자리에 있는 숫자들 더하기
9+8+9+3+8+0+3=40

짝수 번째 자리에 있는 숫자들 더하기
7+8+2+6+□+6=29+□

홀수 번째 자리에 있는 숫자들 합+(3×짝수 번째 자리에 있는 숫자들 합)=127+(3×□), 그리고 127+(3×□)가 10의 배수이므로 □=1입니다.

② 홀수 번째 자리에 있는 숫자들 더하기
9+8+9+□+1+8+9=44+□

짝수 번째 자리에 있는 숫자들 더하기
7+8+9+2+5+9=40

홀수 번째 자리에 있는 숫자들 합+(3×짝수 번째 자리에 있는 숫자들 합)=44+□+120=164+□, 그리고 164+□가 10의 배수이므로 □=6입니다.

③ 홀수 번째 자리에 있는 숫자들 더하기
9+8+9+3+2+2+0=33

짝수 번째 자리에 있는 숫자들 더하기
7+8+8+7+□+4=34+□

홀수 번째 자리에 있는 숫자들 합+(3×짝수 번째 자리에 있는 숫자들 합)=135+(3×□), 그리고 135+(3×□)가 10의 배수이므로 □=5입니다.

④ 홀수 번째 자리에 있는 숫자들 더하기
9+8+9+8+7+9+5=55

짝수 번째 자리에 있는 숫자들 더하기
7+8+□+1+3+8=27+□

홀수 번째 자리에 있는 숫자들 합+(3×짝수 번째 자리에 있는 숫자들 합)=136+(3×□), 그리고 136+(3×□)이 10의 배수이므로 □=8입니다.

3 978-89-1234-123-□라는 ISBN을 만들어 보겠습니다.
홀수 번째 자리에 있는 숫자들 더하기
9+8+9+2+4+2+□=34+□

짝수 번째 자리에 있는 숫자들 더하기
7+8+1+3+1+3=23

홀수 번째 자리에 있는 숫자들 합+(3×짝수 번째 자리에 있는 숫자들 합)=34+□+69=103+□

103+□이 10의 배수가 되어야 하므로 □=7입니다. 따라서 만들고 싶은 ISBN은 978-89-1234-123-7입니다.

2 달력 p. 76

1 해설 참조

2 ❶ 해설 참조
② 해설 참조

3 ❶ 14쌍
② 34
③ 해설 참조

4 해설 참조

5 54

6 일요일

해설

1 - 오른쪽으로 한 칸이 가면 숫자가 1씩 늘어납니다.
- 아래쪽으로 한 칸이 내려가면 숫자가 7씩 늘어납니다.
- 오른쪽 아래 방향의 대각선으로 숫자가 8씩 늘어납니다.
- 왼쪽 아래 방향의 대각선으로 숫자가 6씩 늘어납니다.
- 가로줄, 세로줄에 순서대로 위치한 3개 숫자의 경우, 가운데 위치한 숫자의 2배는 첫째, 셋째 자리에 위치한 숫자의 합과 같습니다.
(예 : 8×2=1+15(세로줄), 16×2=15+17(가로줄))
- 대각선에 순서대로 위치한 3개 숫자의 경우에도, 가운데 위치한 숫자의 2배는 첫째, 셋째 자리에 위치한 숫자의 합과 같습니다. (예 : 9×2=1+17)

2 ❶

n-8	n-7	n-6
n-1	n	n+1
n+6	n+7	n+8

달력의 3×3 사각형에 있는 숫자 9개의 합을 구하는 식

$=(n-8)+(n-7)+(n-6)+(n-1)+n+(n+1)+(n+6)+(n+7)+(n+8)$

$=(n-8)+(n+8)+(n-7)+(n+7)+(n-6)+(n+6)+(n-1)+(n+1)+n$

$=9\times n$

❷

10	11	12
17	18	19
24	25	26

빨간 사각형을 이용하여 위의 규칙을 확인해 봅시다.

모든 숫자를 각각 더하면

10+11+12+17+18+19+24+25+26=162

위의 숫자 9개의 합을 구하는 식에 대입하면

9×18=162

따라서 위의 규칙이 옳음을 확인했습니다.

3 ❶ (3, 31), (4, 30), (5, 29), (6, 28), (7, 27), (8, 26), (9, 25), (10, 24), (11, 23), (12, 22), (13, 21), (14, 20), (15, 19), (16, 18)

❸ 모든 쌍들의 합인 34는 17의 2배입니다.
17을 기준으로 대칭인 쌍들이니 17에서 같은 거리만큼 떨어져 있습니다. 따라서 17을 기준으로 동일한 수만큼 크고 작은 수가 쌍으로 나오니 그 둘의 합은 34가 나옵니다.

4 직사각형의 가장 작은 수를 n이라고 두면 그 직사각형에 있는 수는 다음과 같이 표현할 수 있습니다.

n	n+1
n+7	n+8

모든 수의 합은 4n+16이 됩니다. 4n+16=80를 만족하는 n을 찾으면 n=16임을 알 수 있습니다.

따라서 직사각형이

16	17
23	24

이 되도록 그려야 합니다.

5 9월은 30일까지 있으니 한 달 동안 5번의 토요일이 있을 수 있는 경우는 아래 2가지 경우뿐입니다.

토	일	월	화	수	목	금
1	2	3	4	5	6	7
8	9	10	11	12	13	14
15	16	17	18	19	20	21
22	23	24	25	26	27	28
29	30					

금	토	일	월	화	수	목
1	2	3	4	5	6	7
8	9	10	11	12	13	14
15	16	17	18	19	20	21
22	23	24	25	26	27	28
29	30					

30일은 일요일이 아니기 때문에 두 번째 달력이 문제의 조건을 모두 만족하는 9월의 달력이 됩니다. 따라서 일요일인 날짜는 3, 10, 17, 24이므로 일요일인 날짜의 합은 54입니다.

6 1월 1일부터 4월 30일까지는 총 120일이 있습니다.
(1월 : 31일, 2월 : 28일, 3월 : 31일, 4월 : 30일)

120=(17×7)+1이므로 5월 1일은 화요일 다음 요일인 수요일입니다. 따라서 5월 5일은 일요일입니다.

3 수 배열의 합 p. 82

1 해설 참조

2 ❶ 180
❷ 315

3 앞뒤 숫자의 차이가 2씩 증가합니다.

4 △=15, ○=17, □=80

5 304

해설

1

×	1	2	3	4	5	6	7	8	9
1	1	2	3	4	5	6	7	8	9
2	2	4	6	8	10	12	14	16	18
3	3	6	9	12	15	18	21	24	27
4	4	8	12	16	20	24	28	32	36
5	5	10	15	20	25	30	35	40	45
6	6	12	18	24	30	36	42	48	54
7	7	14	21	28	35	42	49	56	63
8	8	16	24	32	40	48	56	64	72
9	9	18	27	36	45	54	63	72	81

2 ❶ □ = 4+ 8+12+16+20+24+28+32+36

+ □ =36+32+28+24+20+16+12+ 8+ 4

2× □ =40+40+40+40+40+40+40+40+40

= 40×9= 360, 따라서 □ =180입니다.

❷ □ = 7+14+21+28+35+42+49+56+63

+ □ =63+56+49+42+35+28+21+14+ 7

2× □ =70+70+70+70+70+70+70+70+70

= 70×9= 630, 따라서 □ =315입니다.

3 앞뒤 숫자의 차이가 2씩 증가합니다.

3, 8, 15, 24, 35, 48, 63 → 앞뒤 숫자의 차이 : 5, 7, 9, 11, 13, 15

4 더해지는 홀수가 3부터 순서대로 하나씩 늘어나는 규칙입니다. 3+5+7+9+11+13+15=63이므로 △=15입니다.

63 다음에 올 숫자는 3+5+7+9+11+13+15+17=80입니다.

5 더해지는 짝수가 4부터 순서대로 하나씩 늘어나는 규칙입니다. 4+6+8+10+12+14=54입니다. 따라서 54에서 10번째 수는 4+6+8+10+12+14+16+18+20+22+24+26+28+30+32+34로 계산하고, 가우스의 계산법을 이용하면 (4+34)+(6+32)+ ... +(16+18)=38×8=304입니다.

4 복면산 p. 85

1 ❶ A=4, B=8, C=1

❷ A=9, B=7, C=0

2 ❶ A=1, B=9, C=0

❷ A=9, B=1, C=5, D=0

3 ❶ A=2, B=5

❷ A=8, B=5

4 $\frac{4}{6}\div3=\frac{2}{3}\times\frac{1}{3}=\frac{2}{9}$

5 해설 참조

6 ❶ 해설 참조

❷ 해설 참조

7 해설 참조

해설

1 ❶ 받아올림이 되었기에 C=1임을 알 수 있고, 7+B의 일의 자리가 5이므로, B=8입니다.

```
    A 7
+   8 8
-------
  1 3 5
```

따라서 135-88 = 47이므로, A=4입니다.

❷ B+B의 일의 자리가 4이므로 B는 2 또는 7입니다. 만약에 B=2라면

```
    A B
+     B
-------
    A 4
```

의 형태가 되므로 주어진 문제와 달라집니다. 따라서 B=7이고, 받아올림이 되었기에 A=9임을 알 수 있습니다. 97+7=104 이므로 C=0입니다.

2 ❶ 받아올림이 되었기에 A=1임을 알 수 있습니다.

```
      1
+   B B
-------
  1 C C
```

여기서 1+B가 10 이상의 수가 되어야 십의 자리

에서 받아올림이 되기 때문에 B=9임을 알 수 있습니다. 따라서 A=1, B=9, C=0이 됩니다.

❷ 받아올림이 되었기에 B=1, A=9, D=0임을 알 수 있습니다.

$$\begin{array}{cccc} & 9 & 1 & C \\ + & & 9 & C \\ \hline 1 & 0 & 1 & 0 \end{array}$$

C+C =0 이므로, C=0 또는 C=5인데 십의 자리에서 받아올림을 해야 하므로 C=5입니다. 따라서 A=9, B=1, C=5, D=0입니다.

3 ❶ B×9의 일의 자리가 B가 나오는 경우는 B=5인 경우밖에 없습니다.

$$\begin{array}{ccc} & A & 5 \\ \times & & 9 \\ \hline A & A & 5 \end{array}$$

여기서 A×9+4=AA형태의 숫자가 나옵니다. 1에서 9까지의 수 중에서 다음과 같은 형식을 만족하는 수는 A=2인 경우밖에 없습니다. 따라서 A=2, B=5입니다.

❷ B×3의 일의 자리가 B가 나오는 경우는 B=5인 경우밖에 없습니다.

$$\begin{array}{cccc} & 1 & A & 5 \\ \times & & & 3 \\ \hline & 5 & 5 & 5 \end{array}$$ 이고

555÷3=185이므로 A=8, B=5입니다.

5 덧셈식은 가로로 읽어도 '아이유, 이휘재, 유재석'으로 나오고 세로로 읽어도 '아이유, 이휘재, 유재석'이 나옵니다.

아	이	유
이	휘	재
유	재	석

색깔이 칠해진 부분에 덧셈식에 알맞게 적당한 숫자를 넣겠습니다. 덧셈식이므로 받아올림이 있을 수도 있으니 '아+이'보다 '유'는 크거나 같게 됩니다. 간단하게 아이유= 123이라 두면

$$\begin{array}{cccc} & 1 & 2 & 3 \\ + & 2 & 휘 & 재 \\ \hline & 3 & 재 & 석 \end{array}$$ 과 같이 표현됩니다.

여기서 '재'에 해당하는 숫자만 동일하게 주고 거기에 덧셈식이 성립하게 '휘, 석'을 정하면 됩니다. 모든 문자는 서로 다른 숫자이기 때문에 재=6을 주고 덧셈식이 성립하게 '휘, 석'을 정하면

$$\begin{array}{cccc} & 1 & 2 & 3 \\ + & 2 & 4 & 6 \\ \hline & 3 & 6 & 9 \end{array}$$

위와 같이 정할 수 있습니다. 위 식뿐만 아니라 문제의 덧셈식을 만족하는 답안은 여러 개가 있습니다.

$$\begin{array}{cccc} & 3 & 4 & 8 \\ + & 4 & 7 & 1 \\ \hline & 8 & 1 & 9 \end{array}, \quad \begin{array}{cccc} & 1 & 7 & 9 \\ + & 7 & 5 & 3 \\ \hline & 9 & 3 & 2 \end{array}$$ 도 위 덧셈식을 만족하는 연산입니다.

6 ❶ 식을 $$\begin{array}{cccc} & O & N & E \\ + & O & N & E \\ \hline & T & W & O \end{array}$$ 와 같이 변경을 할 수 있습니다. 'O'만 동일하고 다른 문자들은 다른 숫자가 되도록 정해주면 됩니다.

$$\begin{array}{cccc} & 4 & 3 & 2 \\ + & 4 & 3 & 2 \\ \hline & 8 & 6 & 4 \end{array}, \quad \begin{array}{cccc} & 2 & 3 & 1 \\ + & 2 & 3 & 1 \\ \hline & 4 & 6 & 2 \end{array}$$ 등 위 덧셈식을 만족하는 식은 여러 개가 있습니다. 위 뺄셈식에 맞게 문제를 다시 표현하면 다음과 같이 표현됩니다.

$$\begin{array}{cccc} & 8 & 6 & 4 \\ - & 4 & 3 & 2 \\ \hline & 4 & 3 & 2 \end{array}, \quad \begin{array}{cccc} & 4 & 6 & 2 \\ - & 2 & 3 & 1 \\ \hline & 2 & 3 & 1 \end{array}$$

❷ 식을 $$\begin{array}{ccccc} & F & O & U & R \\ + & & O & N & E \\ \hline & F & I & V & E \end{array}$$ 와 같이 덧셈식으로 변경할 수 있습니다. 일의 자리에서 R+E=E가 나온다는 것으로 R=0인 것을 알 수 있고, 천의 자리에서 받아올림을 받지 않았으므로 O는 5보다는 작은 숫자임을 알 수 있습니다.

이 조건을 만족하는 식으로

$$\begin{array}{ccccc} & 9 & 4 & 1 & 0 \\ + & & 4 & 2 & 7 \\ \hline & 9 & 8 & 3 & 7 \end{array}, \quad \begin{array}{ccccc} & 1 & 2 & 3 & 0 \\ + & & 2 & 6 & 5 \\ \hline & 1 & 4 & 9 & 5 \end{array}$$ 등

여러 개를 구할 수 있습니다. 위 뺄셈식에 맞게 문제를 다시 표현하면 다음과 같이 표현됩니다.

	9	8	3	7			1	4	9	5
−	9	4	1	0	,	−	1	2	3	0
		4	2	7				2	6	5

7 5번째 자리에서 받아올림을 했기 때문에 M=1임을 알 수 있습니다.

		S	E	N	D
+		1	O	R	E
1	O	N	E	Y	

4번째 자리를 보면 S+1 또는 S+1+1(받아올림 받은 경우)이 10보다 커야 하므로 덧셈 결과의 4번째 자리인 O는 0 또는 1이 되어야 하는데, M=1이므로 O=0임을 알 수 있습니다.

		S	E	N	D
+		1	0	R	E
1	0	N	E	Y	

여기서 3번째 자리를 보면 E+0의 결과가 N이기 때문에 2번째 자리에서 받아올림 받았음을 알 수 있습니다. 즉 E+1=N이 됩니다. 만약 E=9라면 N=0이 되는데 이미 0은 나왔기 때문에 E는 9가 될 수 없습니다. 따라서 E+1은 10 이상의 숫자가 될 수가 없기 때문에 4번째 자리에서는 받아올림을 받지 않았다는 것을 알 수 있습니다. 따라서 S=9가 됩니다.

		9	E	N	D
+		1	0	R	E
1	0	N	E	Y	

앞서 E+1=N임을 알 수 있었고, 여기서 2번째 자리를 보면 N+R의 결과가 E이기 때문에 N+R=10+E 또는 N+R+1=10+E가 된다는 것을 알 수 있습니다. N=E+1을 대입하면 R은 8 또는 9가 된다는 것을 알 수 있습니다. 하지만 S=9이기 때문에 R=8이고 2번째 자리에서 받아올림을 받았다는 것을 알 수 있습니다.

		9	E	N	D
+		1	0	8	E
1	0	N	E	Y	

여기서 1번째 자리를 보면 D+E의 결과가 Y가 되는데 2번째 자리에서 받아올림을 받았기 때문에 D+E=10+Y임을 알 수 있습니다. 남은 숫자는 2, 3, 4, 5, 6, 7에서 이 조건을 만족하는 경우는 5+7=12 또는 6+7=13밖에 없는데 N=E+1이기 때문에 D=7, E=5, N=6, Y=2입니다.

따라서 원하는 덧셈식은 다음과 같이 나옵니다.

		9	5	6	7
+		1	0	8	5
1	0	6	5	2	

5 프래드만 퍼즐 p. 89

1 ❶ 6, 9
❷ 12, 21
❸ 58, 85
❹ 66, 99

2 ❶ 해설참조
❷ 해설참조

3 ❶ 해설참조
❷ 해설참조

해설

2 ❶

8	=	6	+	2
6	−	5	=	1
2	=	2	+	0
1	+	8	=	9

❷

1	8	=	2	×	9
9	+	6	=	1	5
5	=	1	0	÷	2
1	1	−	5	=	6

3 ❶

↓	↓	↙	←
↘	↘	↙	←
→	↗	←	↖
↑	→	↖	↑

❷

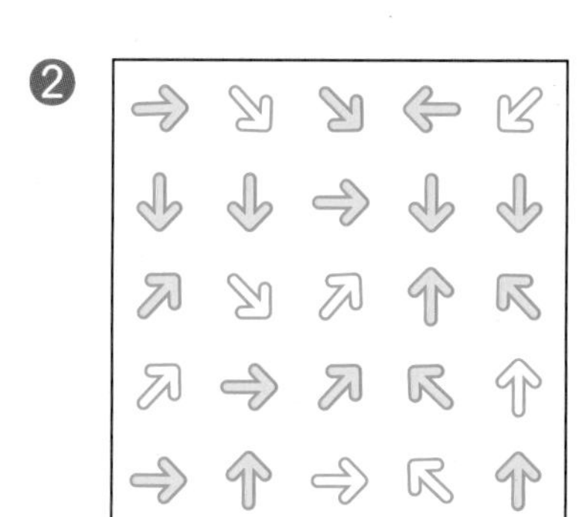

6 스키테일 암호 p. 93

1 해설 참조

2 해설 참조

3 해설 참조

해설

1

남	쪽	으	로
군	대	를	더
보	내	시	오

남쪽으로 군대를 더 보내시오

2

낮	말	은
새	가	듣
고	밤	말
은	쥐	가
듣	는	다

낮말은 새가 듣고 밤말은 쥐가 듣는다

3

4	1	3	2
하	루	종	일
식	오	급	늘
게	에	파	스
대	티	온	나

'하루종일'을 가나다라 순으로 생각하면 4, 1, 3, 2 순서가 됩니다.

위의 암호를 위와 같이 표로 작성하고 1, 2, 3, 4 순으로 암호를 해석하면 '오늘 급식에 스파게티 나온대'가 됩니다.

오	늘	급	식
에	스	파	게
티	나	온	대

오늘 급식에 스파게티 나온대

4 자료와 가능성

1 리그와 토너먼트 p. 99

1 ❶ 해설 참조
❷ 해설 참조
❸ (n-1)+(n-2)+(n-3)+ ⋯ +2+1

2 ❶ 7 경기
❷ (n-1) 경기

3 ❶ 64 경기
❷ 7 경기

4 해설 참조

5 ❶ 3패
❷ 이긴 반: 4반, 비긴 반: 3반, 진 반: 1반

해설

1 ❶

A — B, C, D	B — C, D	C — D
(3)가지	(2)가지	(1)가지
→ 총 (6)가지		

❷

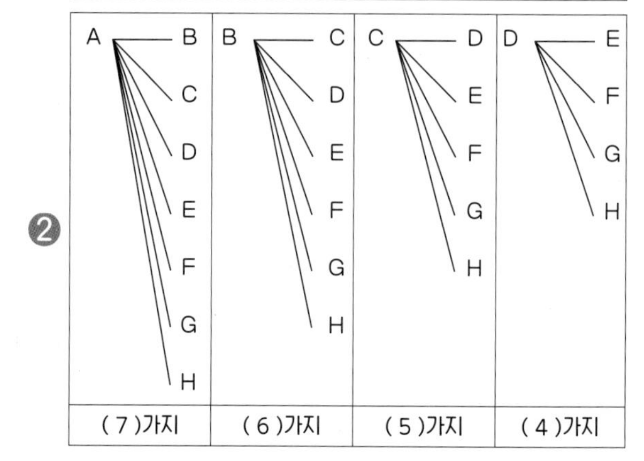

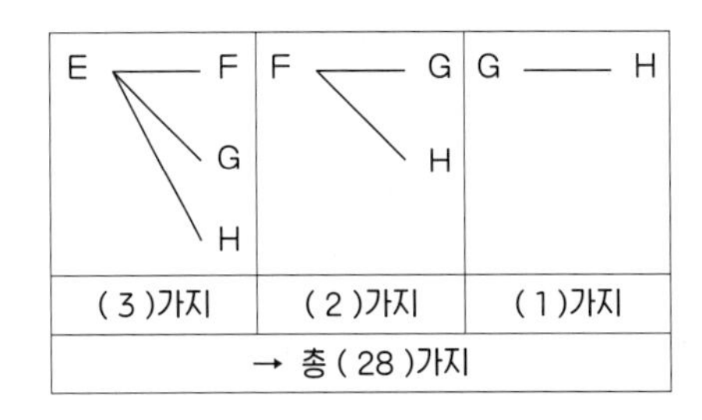

❸ 팀을 1팀, 2팀, 3팀, ⋯, n팀이라고 합시다. 먼저 총 경기에서 1팀이 하는 경기 수를 세어 보아요. 리그전이니 1팀은 자기 자신을 제외한 다른 모든 팀과 경기를 하기 때문에 n-1개 팀과 경기를 합니다.

남은 경기 수 중에서 2팀이 하는 경기 수를 세어 봅시다. 1팀이 들어가는 경기는 위에서 다 세었으니 남은 경기 중에서 2팀은 1팀과 자신을 제외한 팀인 n-2개 팀과 경기를 합니다.

남은 경기 수 중에서 3팀이 하는 경기 수를 세어 보면, 1팀과 2팀이 들어가는 경기는 셈이 되었으니 남은 경기 중에서 3팀은 1팀, 2팀과 자신을 제외한 팀인 n-3개 팀과 경기를 합니다.

4팀, 5팀, ..., n팀까지 다 동일하게 셈을 해보면 총 경기 수는 (n-1)+(n-2)+(n-3)+ ⋯ +2+1이 나옵니다.

2 ❶

1팀 2팀 3팀 4팀 5팀 6팀 7팀 8팀 → 1경기, 2경기, 4경기

총 1+2+4 =7 경기를 합니다.

❷ 대진표의 모양은 출전하는 팀의 수에 따라 달라집니다. 하지만 토너먼트라는 방식은 매 경기마다 한 팀씩 떨어지는 방식입니다. 우승팀이 나올 때까지 경기를 진행하니 우승 팀을 제외한 n-1개 팀은 떨어지게 됩니다. 한 경기 당 한 팀 씩 탈락하니 n개의 팀이 진행하는 총 경기 수는 (n-1)번이 됩니다.

3 ❶ 한 조에 4개 팀이 있습니다. 리그전으로 진행되므로 3+2+1=6 경기가 진행됩니다. (1번 참고)
한 조당 6 경기씩 진행되고, 8개의 조가 있으니 6×8=48, 총 48 경기가 조별 리그전에서 진행됩니다.
토너먼트 방식은 16강에 진출한 16개팀이 진행하기 때문에 16강에서 결승까지 총 15 경기가 진행됩니다. (2번 참고)
그리고 토너먼트 대진표에는 없는 3, 4위전 경기가 있으므로, 월드컵에서 진행되는 총 경기 수는 48+15+1=64, 64 경기입니다.

❷ 조별리그에서 총 3경기, 토너먼트에서 16강전, 8강전, 4강전, 3, 4위전 총 4경기, 2002년 한일 월드컵에서 우리나라가 치른 경기는 총 7 경기입니다.

4 대진표에서 아래 그림과 같이 A영역, B영역을 표시하고, 문제에 주어진 조건을 다음과 같이 표시합시다.

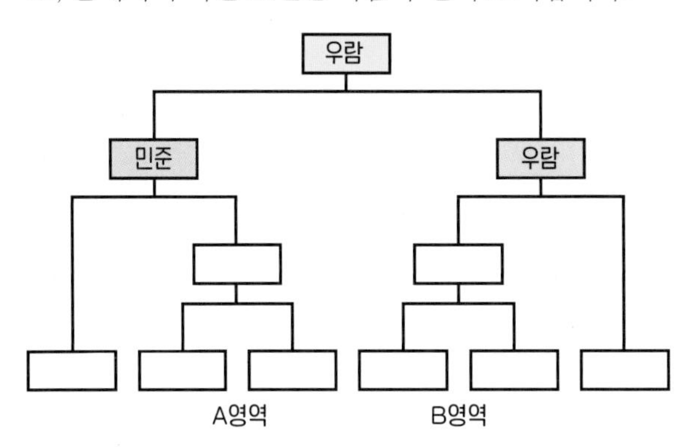

조건 1) 지호는 총 2번의 경기를 했습니다.

조건 2) 주원이도 총 2번의 경기를 했습니다.

조건 3) 지호는 민준이와 경기를 하지 않았습니다.

조건 4) 주원이는 민우를 이겼습니다.

조건 1)에 의해서 지호는 한 번 경기를 이겨서 올라갔고, 조건 3)에 의해서 B영역에 포함된다는 것을 알 수 있습니다.

조건2)에 의해서 주원이도 한 번 경기를 이겨서 올라갔는데 이미 B영역에는 지호가 올라갔기 때문에 주원이는 A영역에 포함된다는 것을 알 수 있습니다. 조건 4)에 의해서 주원이의 상대는 민우였다는 것도 알 수 있습니다.

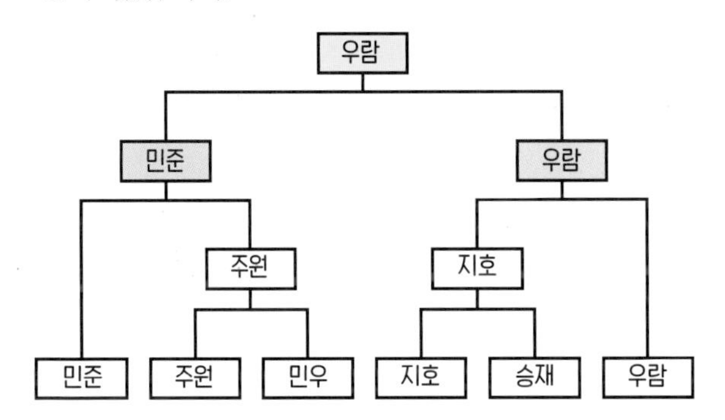

5 ❶ 방법 1) 1반, 2반, 3반의 승패를 합하면 5승 2무 2패가 나옵니다.
어떤 팀이 승리를 하게 되면 상대 팀은 패배로 기록이 되기 때문에, 리그 전 모든 경기의 승패를 합하면 승의 숫자와 패의 숫자는 동일해야 하고, 무의 수는

짝수가 되어야 합니다. (어떤 팀이 무승부를 하게 되면 상대 팀도 무승부가 기록되기 때문입니다.)

위 조건을 만족하기 위해서 4반이 3패하는 경우밖에 없으므로 4반은 3패 했습니다.

방법 2) 2반과 3반이 1무씩 있으므로 두 반이 무승부 경기를 했습니다. 3반은 2승 1무이므로 1반과 4반에게 승리를 했고, 2반과 무승부를 했습니다. 1반은 2승 1패인데, 3반에게 패배를 했으므로 2반과 4반에게 승리했습니다.

2반은 1승 1무 1패인데, 3반에게 무승부, 1반에게 패배했기 때문에 4반에게 승리했습니다. 따라서 4반은 1반, 2반, 3반 모두에게 패배해서 3패를 기록했습니다.

❷ 위의 방법 2) 참조

2 자물쇠와 경우의 수 p. 105

1 ❶ 총 8가지, 해설 참조

❷ 해설 참조

2 해설 참조

3 16가지, 해설 참조

4 3125가지

5 6가지

해설

1 ❶

이와 같이 그림으로 그려 풀었더니 총 8가지 종류가 나왔습니다.

❷ 1이 그대로 둔 경우, 0이 자른 경우라고 보면 다음과 같이 그림으로 표시할 수 있습니다.

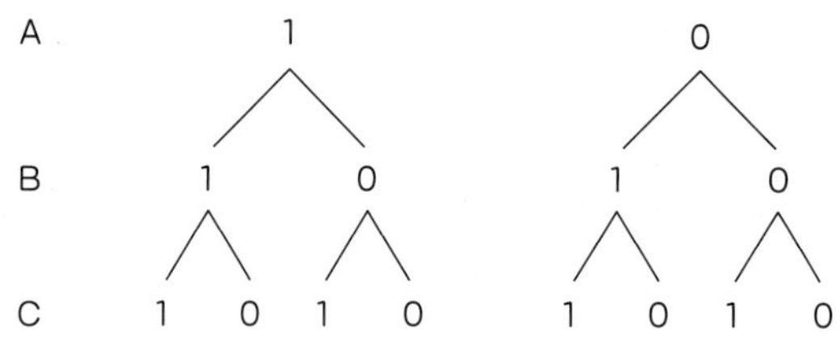

(A, B, C) = (1, 1, 1), (1, 1, 0), (1, 0, 1), (1, 0, 0), (0, 1, 1), (0, 1, 0), (0, 0, 1), (0, 0, 0)

총 8가지가 나옵니다.

이 밖에도 곱셈식, 다른 기호를 이용해서 표현하는 방법 등 여러 방법이 있습니다.

2 1) A, B, C 세 등분이 아니라 A, B, C, D 네 등분으로 나누어 제작합니다.

2) 깎는 요철의 경우를 1/2만 깎거나 1/3만 깎는 등 경우를 추가합니다.

3) 요철의 모양을 다양하게 만듭니다.

위 답변 외에도 다른 여러 가지 방법이 있습니다.

3 방법 1) A에서 깎거나 그대로 두는 경우 2가지. B에서 깎거나 그대로 두는 경우 2가지. C와 D도 각각 2가지 경우씩 나옵니다. 따라서 총 경우의 수는 2×2×2×2=16, 16가지가 나옵니다.

방법 2) 1이 그대로 둔 경우, 0이 자른 경우라고 보면 다음과 같이 그림으로 표시할 수 있습니다.

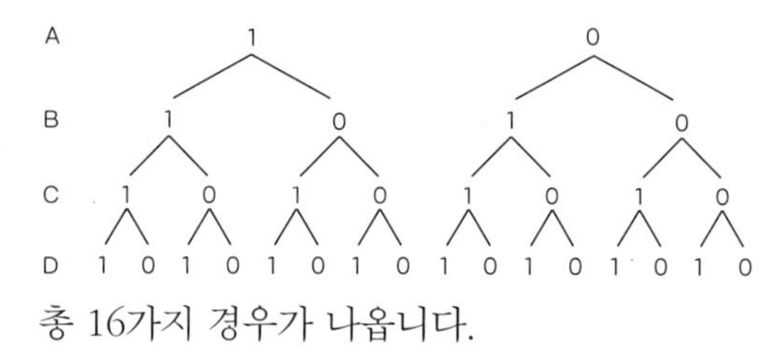

총 16가지 경우가 나옵니다.

4 A와 B만 있다고 생각을 해봅시다. A와 B는 각각 5가지 경우로 깎을 수 있고 깎는 높낮이에 따라 0, 1, 2, 3, 4로 표현을 해보겠습니다.

A=0인 경우 (A, B)는 (0, 0), (0, 1), (0, 2), (0, 3), (0, 4) 이렇게 5가지의 경우가 나옵니다.

A=1, A=2, A=3, A=4인 경우에도 각각 5가지의 경우가 나옵니다. 따라서 (A, B)는 A에서 나올 수 있는 경우 5가지, B에서 나올 수 있는 경우 5가지를 곱해서 25가지가 나옵니다.

이 내용을 확장을 해서 (A, B, C, D, E)의 경우로 생각해 보면 각 A, B, C, D, E에서 나올 수 있는 경우 5가지씩 있으므로 열쇠에 존재할 수 있는 경우는 5×5×5×5×5=3125가지가 나옵니다.

5 방법 1) 코드ABC, 코드ACB, 코드BAC, 코드BCA, 코드CAB, 코드CBA 총 6가지 경우가 있습니다.

방법 2) 코드 XYZ라고 표현하면 X자리에 올 수 있는 것은 A, B, C 3개가 있습니다. X자리에 하나의 코드를 사용하면 Y자리에 올 수 있는 것은 X자리에서 사용하지 않은 나머지 2개의 코드입니다. 마찬가지로 Z자리에 올 수 있는 것은 X, Y자리에서 사용하지 않은 나머지 하나의 코드입니다. 따라서 코드 XYZ라고 하면 X에 들어갈 수 있는 코드 3개, Y에 들어갈 수 있는 코드 2개, Z에 들어갈 수 있는 코드 1개가 되어 만들 수 있는 코드는 3×2×1=6가지입니다.

3 일기예보 해석하기 p. 109

1 ❶ 일요일, 평균 손님 수가 가장 적으니 일요일을 쉬는 날로 정하는 것이 좋습니다.

❷ 금요일

❸ 해설 참조

❹ 해설 참조

2 ❶ 해설 참조

❷ 평균 기온이 가장 높은 지역은 대구이고, 가장 낮은 지역은 서울입니다.

❸ 온도가 높은 편이므로 시원한 반팔, 반바지를 입고 비올 확률이 높으므로 우산을 챙긴다.

해설

1 ❶ 요일마다 평균 손님 수를 구해 봅시다.

요일	일	월	화	수	목	금	토
손님 수	53	73	71	84	89	113	69
평균 손님 수	13.25	18.25	17.75	21	22.25	28.25	17.25

❷ 평균적으로 금요일에 가장 많은 손님이 오니 금요일에 가장 재료를 넉넉하게 준비해야 합니다.

❸ 각 요일 별로 비가 오는 날과 오지 않는 날의 평균 손님 수를 구해 보면, 모든 요일에서 비가 오는 날에 손님 수가 더 적다는 것을 확인할 수 있습니다. 따라서, '비가 오지 않는 날에 손님 수가 더 많다'라고 결론지을 수 있습니다.

요일	일	월	화	수	목	금	토
비가 오지 않는 날의 평균 손님 수	15.5	23	19	22	24.5	31.6	18
비 오는 날의 평균 손님 수	11	13.5	16.5	18	20	18	15

❹

주	1주	2주	3주	4주
손님 수	105	137	146	164

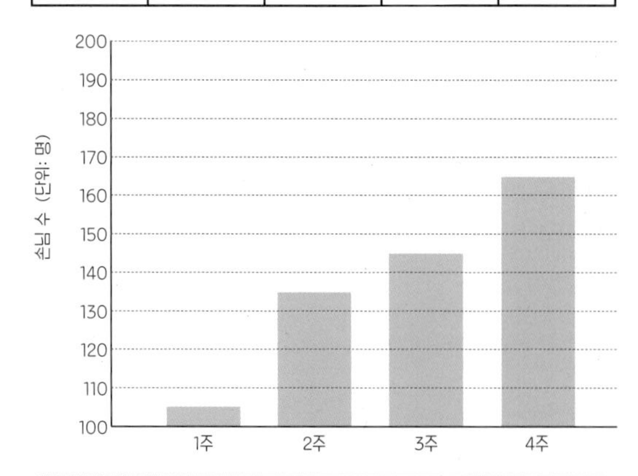

2 ❶

내일의 날씨를 알려 드리겠습니다. 기압골의 영향을 받아 전국이 흐리고 비가 올 확률은 오전 50~85%, 오후 30~75%가 되겠습니다. 중부지방은 북서쪽 지방부터 차차 개겠습니다. 아침 최저 기온은 21˚C에서 25˚C, 낮 최고 기온은 26˚C에서 31˚C로 예년 평균 기온보다 2˚C 정도 높겠습니다.
지역별 날씨를 살펴보면 서울 지역의 낮 최고 기온은 26˚C, 오후 비 올 확률은 50%입니다. 각 지역의 기온과 비 올 확률은 다음과 같습니다.

지역	일기	아침 최저 기온(˚C)	낮 최고 기온(˚C)	비 올 확률(%)	
				오전	오후
서울	비 온 뒤 갬	21	26	75	50
인천	비 온 뒤 갬	22	26	85	60
대전	흐리고 약한 비	21	27	70	50
광주	비 온 뒤 흐림	24	28	80	60
대구	비 온 뒤 흐림	25	31	70	50
부산	흐리고 비	24	30	85	75
제주도	흐리고 비	24	29	75	70

❷ 각 지역의 평균 기온을 구해 봅시다. (단위: ℃)

서울 : (21+26)/2=23.5

인천 : (22+26)/2=24

대전 : (21+27)/2=24

광주 : (24+28)/2=26

대구 : (25+31)/2=28

부산 : (24+30)/2=27

제주도 : (24+29)/2=26.5

4 우리나라 인구 구성의 변화 p. 113

1 해설 참조

2 해설 참조

3 0.81, 81, 2017, 0.2, 2.6

4 ❶ 65세 이상 인구 비율의 변화

❷ 해설 참조

❸ 해설 참조

해설

1

14세 이하 14명	15~64세 73명	65세 이상 13명

2

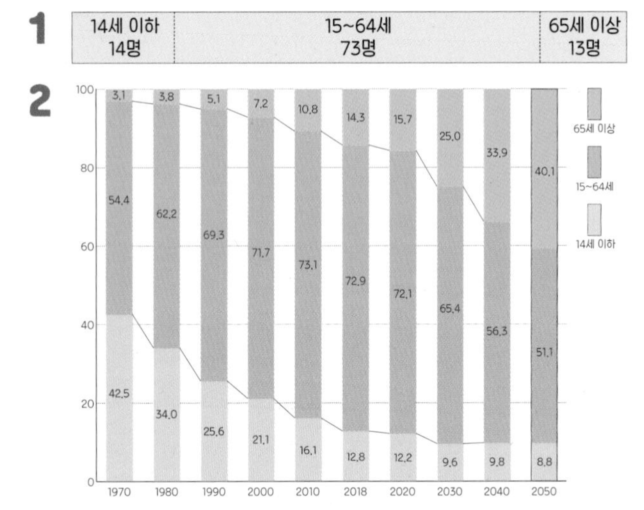

65세 이상의 비율은 더 증가할 것이고 청장년층(15~64세)과 유소년층(14세 이하)이 감소할 것입니다. ※ 통계청 자료를 바탕으로 한 미래 인구 지표에 따르면 2050년 예상 인구 구성비는 위 그래프와 같습니다.

4 ❷

- 우리나라 출생률은 2016년 이후 꾸준히 감소했다.
- 초등학교 한 반당 학생 수는 꾸준히 감소하고 있다.
- 현재 초등학교 한 반 학생 수는 약 60년 전인 1960년대 학생 수의 약 $\frac{1}{3}$ 정도이다.
- 우리나라 기대수명은 2012년 이후 꾸준히 증가했다.
- 우리나라에서 노년층이 차지하는 비율이 빠른 속도로 증가하고 있다.
- 우리나라는 현재 고령 사회이고, 2026년에 초고령 사회에 진입할 예정이다.

❸

- 출생률은 떨어지고 기대수명은 증가하여 유소년층과 청장년층의 비율은 줄고, 노년층의 인구 비율은 계속 올라갈 것이다.
- 초등학교 한 반당 학생 수가 줄고, 학생 수가 충분하지 않아 없어지거나 합쳐지는 학교들도 생길 것이다.
- 인구 구성 중 높은 비율을 차지하는 노년층의 건강 관리나 복지를 위한 제도들이 더 생길 것이다.

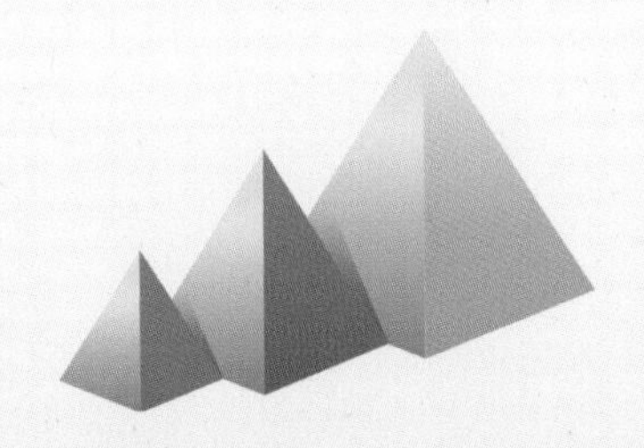

교과 연계

초등 영재 사고력 수학

지니 레벨 2

부록

1 모눈종이

2 분리수거함 전개도

3 살균팩 전개도

4 멸균팩 전개도

5 프래드만 직소 퍼즐

1 모눈종이

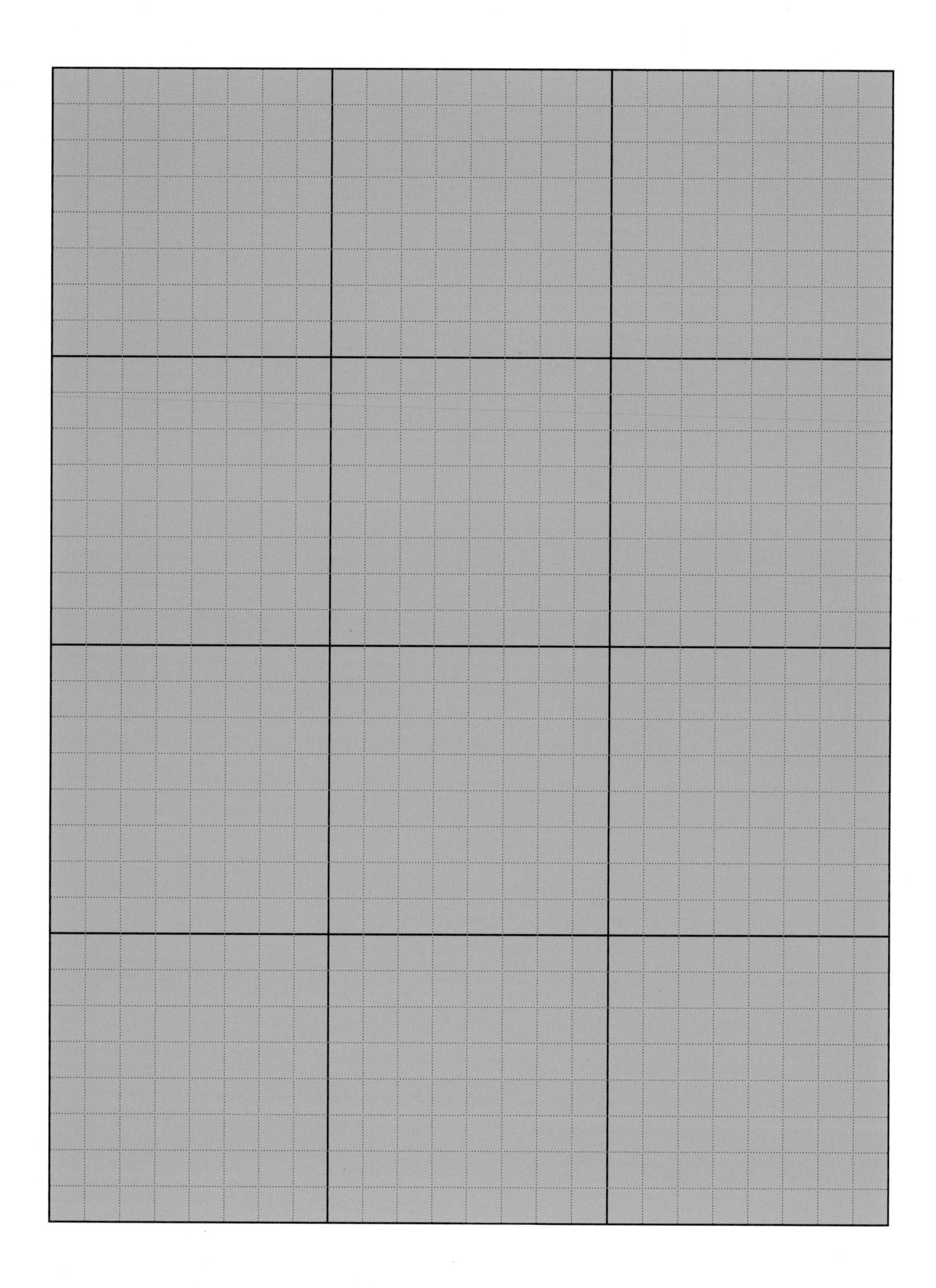

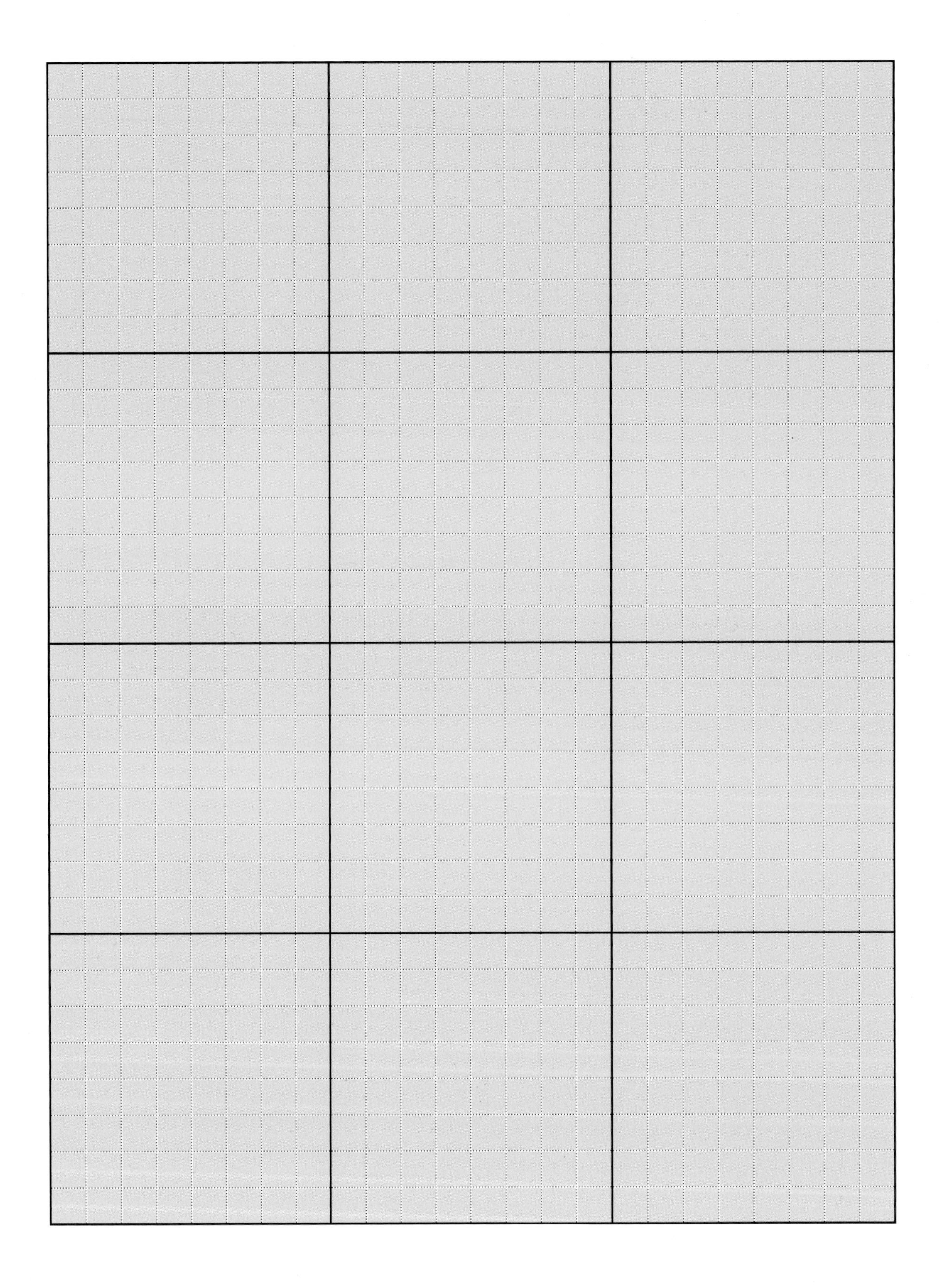

2 분리수거함 전개도

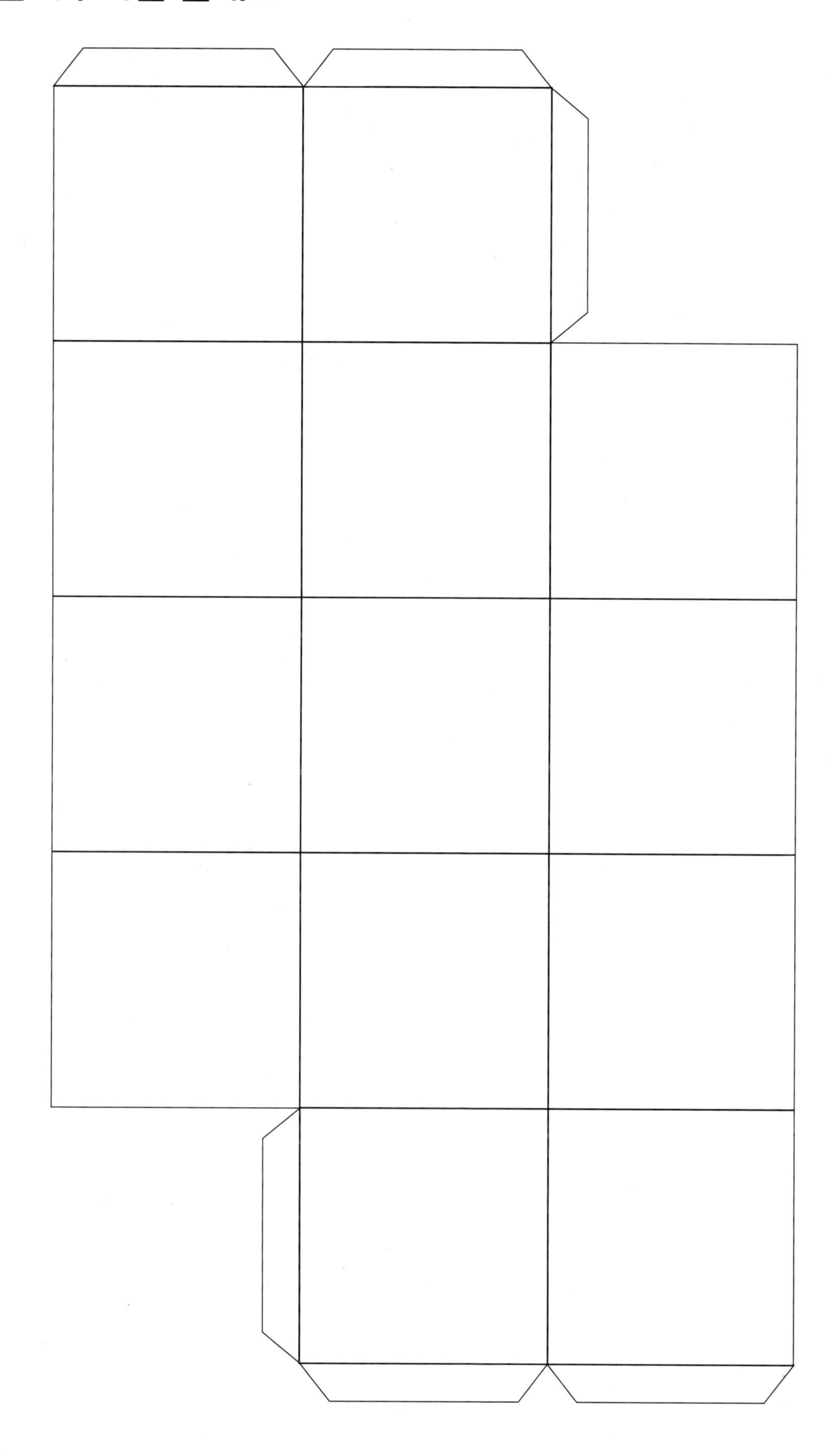

3 살균팩 전개도

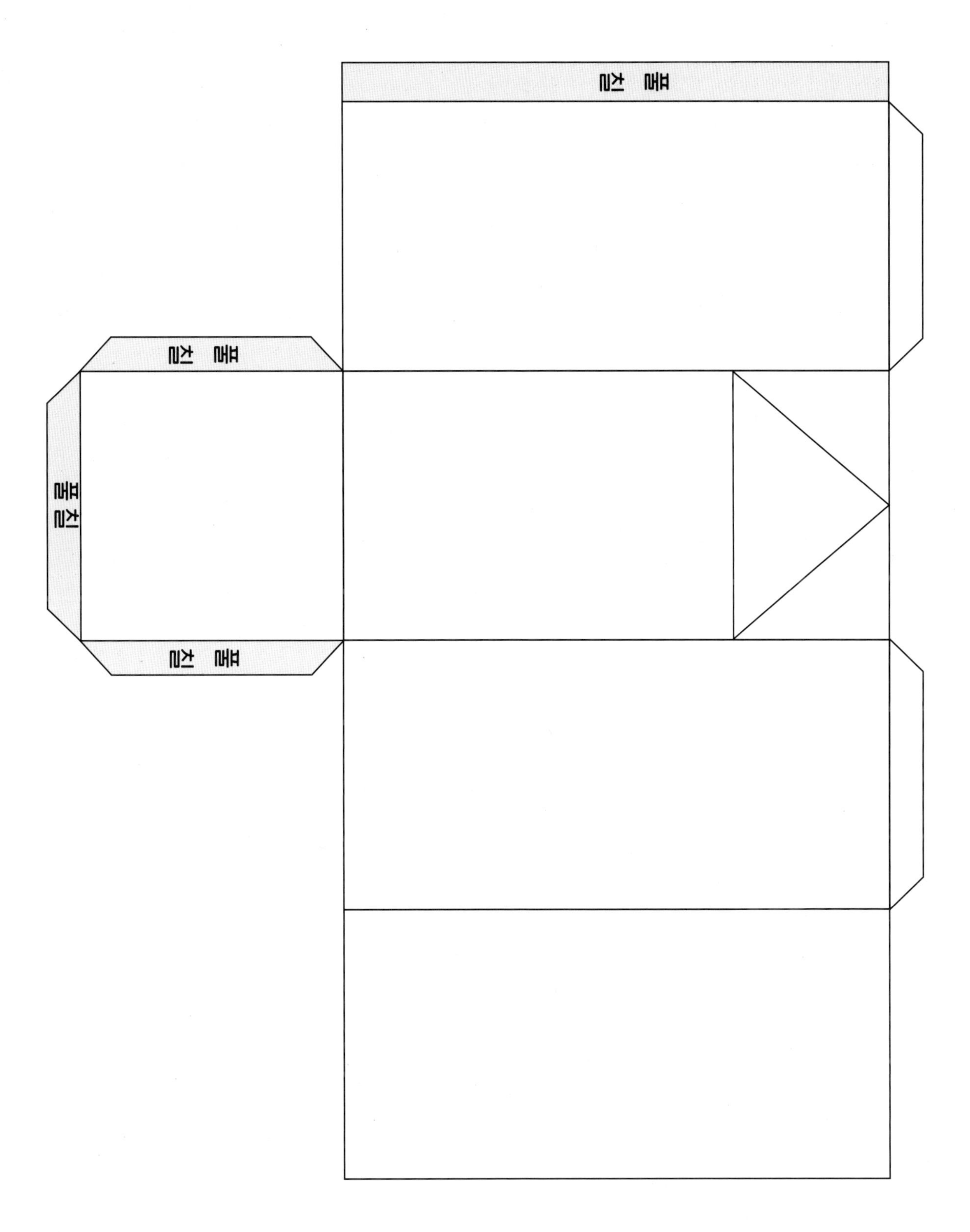

4 멸균팩 전개도

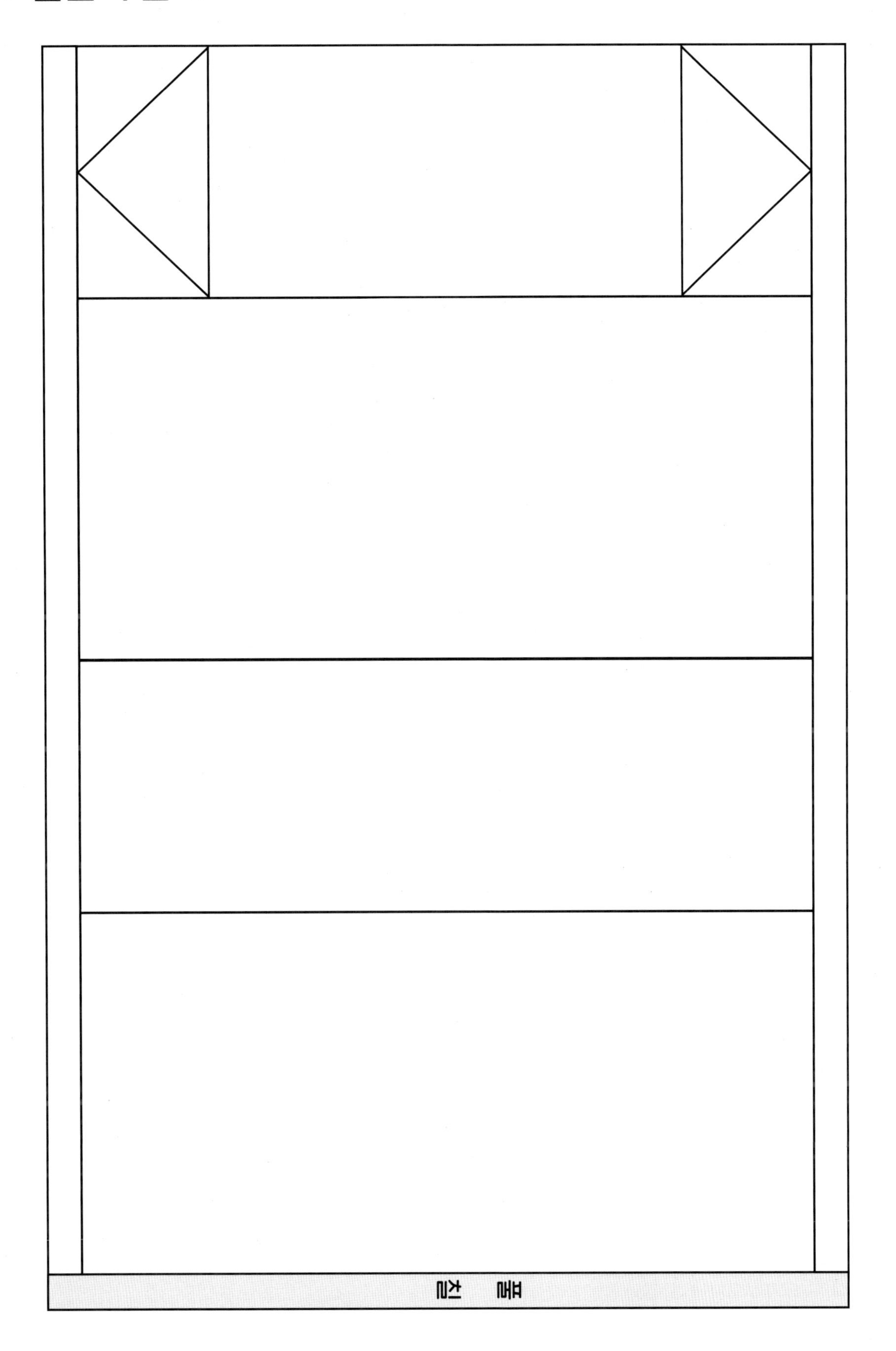

5 프래드만 직소 퍼즐

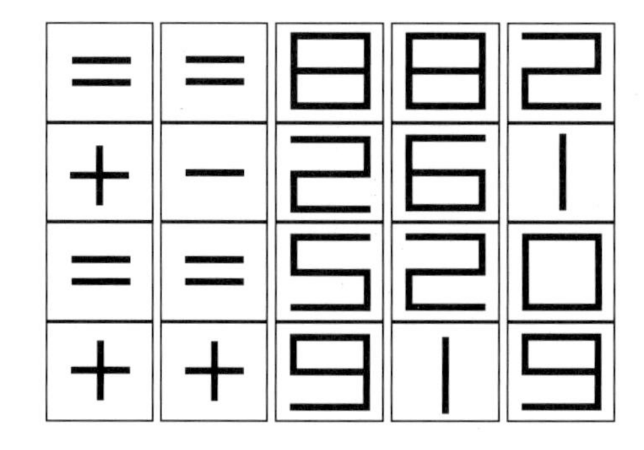

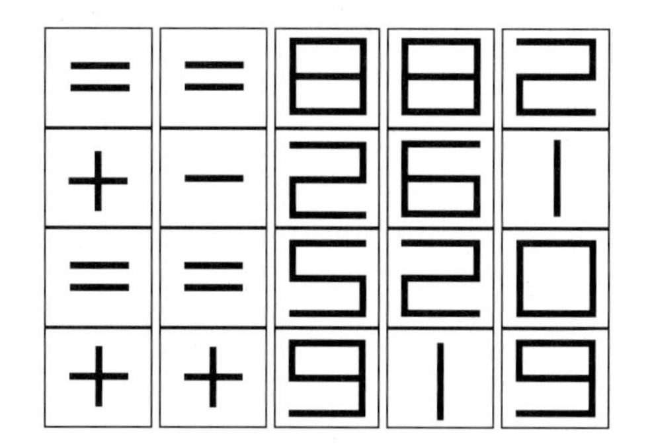

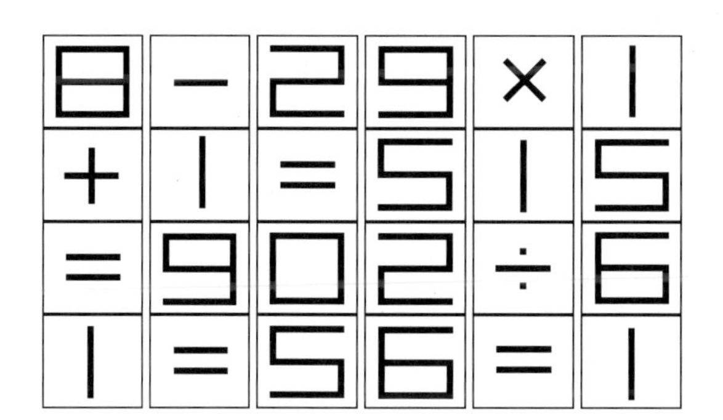

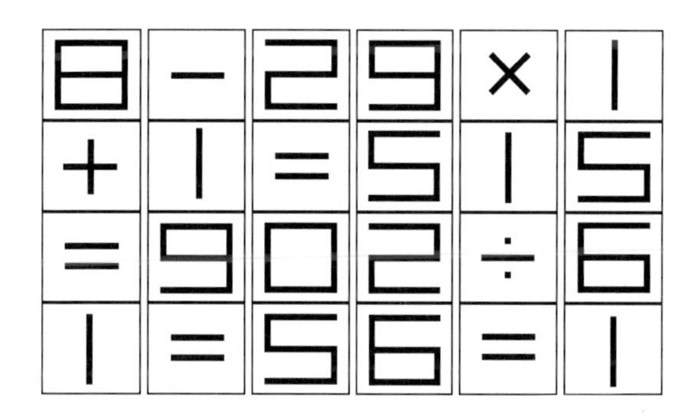

그림 출처 https://erich-friedman.github.io/puzzle/jigsaw/

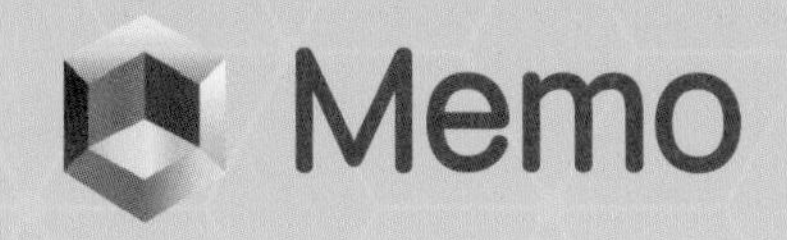

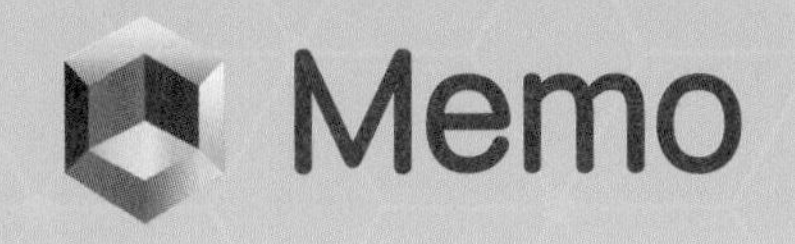